PRODROMUS

MONOGRAPHIÆ

GENERIS ROSÆ.

DE L'IMPRIMERIE DE FIRMIN DIDOT,

IMPRIMEUR DU ROI, DE L'INSTITUT ET DE LA MARINE.

PRODROME

DE LA

MONOGRAPHIE

DES ESPÈCES ET VARIÉTÉS CONNUES

DU GENRE ROSIER,

DIVISÉES SELON LEUR ORDRE NATUREL,

AVEC LA SYNONYMIE, LES NOMS VULGAIRES, UN TABLEAU SYNOPTIQUE, ET DEUX PLANCHES GRAVÉES EN COULEUR.

OUVRAGE utile aux botanistes-cultivateurs pour l'arrangement méthodique de ces arbrisseaux dans les grandes collections, et aux pépiniéristes pour répondre aux demandes qui leur seraient faites.

PAR CL. ANT. THORY,

MEMBRE DE PLUSIEURS SOCIÉTÉS SAVANTES.

A PARIS,

CHEZ PIERRE DUFART, LIBRAIRE,

QUAI VOLTAIRE, N° 19.

1820.

AVANT-PROPOS.

Cᴇᴛ Opuscule n'est qu'un extrait de la partie descriptive d'une Monographie du genre Rosier que je me propose de publier aussitôt que j'aurai terminé le texte des Roses de M. Redouté (1). On ne doit donc le considérer que comme un fragment

(1) La dix-septième livraison vient de paraître : cet ouvrage présente, aujourd'hui, les figures de plus de cent Roses gravées en couleur, et retouchées au pinceau.

abrégé d'un plus grand ouvrage,
lequel offrira la réunion de toutes les
espèces connues jusque aujourd'hui,
et des variétés les plus remarquables,
avec leur histoire naturelle et botanique ; la description de toutes les
parties de chaque individu ; le temps
du développement des fleurs ; les
noms divers sous lesquels les Rosiers ont été signalés par les auteurs,
soit dans le petit nombre de Mono-
graphies spéciales que l'on connaît,
soit dans les ouvrages généraux de
Botanique ; leur usage dans l'Écono-
mie et les Arts, comme pour l'ornement des jardins ; la manière de les

cultiver et de les propager; les anec-
dotes qui les concernent; enfin, les
pièces publiées dans toutes les lan-
gues et dans tous les siècles, soit en
vers, soit en prose, qui ont eu pour
objet de célébrer les charmes et la
beauté des Roses.

Ainsi c'est à cet ouvrage que je
renvoie pour tous les détails et les
éclaircissements que pourraient de-
sirer ceux qui liront ce Prodrome.
Ils y trouveront l'exposition de toutes
les méthodes de classification pro-
posées jusque aujourd'hui; une dis-
cussion étendue sur chacune d'elles,
et les motifs pour lesquels j'ai pensé

que le seul moyen de division pos-
sible des espèces et des variations si
nombreuses de ce genre, ne pouvait
exister que dans les principes de la
méthode naturelle, et consistait,
d'après cette opinion, à placer chaque être au milieu de ceux auxquels
il ressemblait le plus par les formes
extérieures , ainsi qu'à réunir en
groupes les individus empreints d'un
même type (1).

------

(1) J'ai regardé mes vingt - cinq groupes
comme autant de chapitres dans lesquels entre-
ront facilement toutes les découvertes nouvelles,
et c'est sous ce point de vue que le lecteur voudra
bien les considérer ; car, autrement, le terme

Ce petit ouvrage, par sa nature, ne devrait présenter, comme tous ceux de son genre, qu'une simple nomenclature : mais, dans le desir de le rendre agréable aux amateurs, j'ai donné la description des cinquante-sept espèces que je publie ; et, à l'énumération de la plupart des variétés, j'ai ajouté une synonymie, sinon complète, du moins assez étendue pour préciser ces variétés, et mettre les lecteurs à même de consulter les auteurs cités, et d'éclaircir

---

groupe serait impropre pour ceux dans lesquels il ne se trouve qu'un seul Rosier.

tous leurs doutes. Pour les faciliter encore dans leurs recherches, j'ai indiqué les noms vulgaires, renseignements trop souvent dédaignés aujourd'hui, et pourtant si nécessaires à celui qui veut découvrir le nom d'une plante; j'ai donné la liste d'un petit nombre de ces arbrisseaux peu connus, quoique décrits par quelques auteurs, mais qu'il m'a été impossible de placer, n'ayant pas eu l'occasion de les observer : enfin, et pour ne rien omettre, j'ai ajouté les noms de ceux des Rosiers du Catalogue de Doon, ou d'autres ouvrages, que je n'ai pu reconnaître, parce que les auteurs se sont bornés à une simple nomenclature.

Ce travail est précédé d'une table alphabétique des noms des auteurs, ou des titres des livres auxquels j'ai renvoyé, et je l'ai terminé par deux tables des noms des Roses, l'une latine et l'autre française.

Je n'ai rien négligé pour que cet abrégé pût être utile, dès-à-présent, à ceux qui s'occupent de l'étude ou de la culture du Rosier, et auxquels je l'offre sans aucune espèce de prétention. Je serai trop heureux si le botaniste-cultivateur peut y puiser une nouvelle méthode d'arrangement de ses collections , d'après des divisions aussi faciles que celles que je propose; si le simple amateur se trouve à même, avec le secours des noms vulgaires, de faire ses demandes dans les pépinières , et d'ajouter ainsi d'autres richesses à celles qu'il possède déja; enfin si j'ai pu faciliter aux cultivateurs les moyens de satis- faire à ces demandes.

TABLEAU SYNOPTIQUE DE LA DIVISION, EN XXV GROUPES, DES ESPÈCES CONNUES DU GENRE ROSIER.

§. Iᴇʀ.

RÉUNION ARTIFICIELLE D'APRÈS LES DIFFÉRENTS ÉTATS DES TIGES.

α. GRIMPANTES OU COUCHÉE.				β. MUNIES D'AIGUILLONS DROITS, OU DE POILS FLEXIBLES.			γ. Munies d'aiguillons stipulaires crochus, géminés, par-fois verticillés.	δ. PEU OU POINT D'AIGUILLONS.	
I. SIMPLICIFOLIÆ.	II. FLORIDÆ.	III. LÆVIGATÆ.	IV. BANKSIENENSES.	V. SPINOSISSIMÆ.	VI. HISPIDÆ.	VII. AMERICANENSES.	VIII. CINNAMOMEÆ.	IX. ALPINENSES.	X. HUDSONIANÆ.
Rosiers à feuilles simples.	A bractées et stipules profondément incisées ; beaucoup de fleurs.	A feuilles de trois, rarement de cinq folioles.	bractées libres; à fleurs disposées en ombelle parfaite.	A tiges armées d'un grand nombre d'aiguillons fermes, droits, d'inégale longueur. Pédoncules uniflores.	A tiges chargées d'une multitude de poils droits, flexibles, presque égaux, par-fois entremêlés d'aiguillons.	A tiges munies d'aiguillons stipulaires opposés, presque droits; folioles finement et simplement dentées.	A tiges armées d'aiguillons stipulaires crochus, géminés, par-fois verticillés.	A tiges presque toujours sans aiguillons; folioles bidentées; stipules dilatées.	A tiges absolument glabres; à stipules roulées.
1. R. Berberifolia.	2. R. multiflora.	3. R. nivea.	. R. Banksiæ.	5. R. pimpinellifolia. 6. R. Reduteana. 7. R. myriacantha. 8. R. Kamschatka.	9. R. hispida. 10. R. Candolleana.	11. R. Caroliniana. 12. R. lucida. 13. R. parviflora. 14. R. setigera.	15. R. cinnamomea.	16. R. Alpina.	17. R. Hudsoniana.

§. II.

RÉUNION ARTIFICIELLE D'APRÈS LES DIVERSES MODIFICATIONS DES FOLIOLES.

XI. VILLOSÆ.	XII. POLLINÆ.	XIII. CENTIFOLIÆ.	XIV. POMPONIANÆ.	XV. SEMP. FLORENTES.	XVI. GALLICÆ.	XVII. ALBÆ.	XVIII. MONTANÆ.	XIX. CYNOSRHODONENSES.	XX. GLANDULOSÆ.	XXI. SPINOSULÆ.
Folioles velues sur les deux faces et sur la bordure.	Folioles glabres en dessus, velues en dessous et sur la bordure : simplement dentées.	Folioles molles au toucher, pubescentes en dessous, munies en leur bord d'un duvet entremêlé de glandes : bidentées.	Folioles arrondies présentant les mêmes caractéres que le précédent, mais plus fermes, et simplement dentées.	Folioles glabres en dessus, velues en dessous, ciliées, mais non glanduleuses en leur bord: simplement dentées.	Folioles fermes, comme cassantes, finement et doublement dentées ; glabres en dessus velues en dessous.	Folioles pubescentes en dessous, simplement dentées: tubes brusquement arrondis à la base.	Folioles serraturées, glabres sur les deux faces, seulement glanduleuses en leur bord.	Folioles glabres sur les deux faces et sur la bordure; bractées opposées ciliées ou glanduleuses.	Folioles glabres ou pubescentes en dessus, couvertes de glandes en dessous et sur les bords.	Folioles glabres en dessous, couvertes en dessous, tant sur les nervures ordinaires que sur les nervures confuses, d'un grand nombre de petites épines, entremêlées de glandes.
18. R. villosa. 19. R. mollissima. 20. R. tomentosa. 21. R. farinosa. 22. R. Caucasica.	23. R. collina.	24. R. centifolia. 25. R. muscosa.	26. R. pomponia.	27. R. damascena. 28. R. bifera.	29. R. gallica.	30. R. alba.	31. R. montana. 32. R. trachyphylla. 33. R. eglanteria. 34. R. bisserrata. 35. R. Malmundariensis.	36. R. aciphylla. 37. R. canina. 38. R. verticillacantha. 39. R. Andegavensis.	40. R. rubiginosa. 41. R. sepium.	42. R. spinulifolia.

§. III.	§. IV.	§. V.
Réunion d'après les modifications des tubes.	*Réunion d'après la considération des étamines.*	*Réunion d'après les modifications des styles.*
XXII. TURBINATÆ. XXIII. BRACTEATÆ.	XXIV. INDICÆ.	XXV. SYNSTYLÆ.

XXII. TURBINATÆ.	XXIII. BRACTEATÆ.	XXIV. INDICÆ.	XXV. SYNSTYLÆ.
Tubes des calices offrant la forme d'une toupie.	Tubes recouverts en tout ou en partie de bractées ou de feuilles florales.	Étamines allongées, contournées, se renversant sur les styles. Lanières défléchies avant l'épanouissement.	Styles soudés, plus ou moins allongés, réunis en une petite colonne glabre ou hispide. Tiges rampantes ou érigées.
43. R. turbinata. 44. R. rapa. 45. R. inermis. 46. R. Rosenbergiana. 47. R. campanulata. 48. R. Orbessanea. 49. R. sulfurea.	50. R. bracteata. 51. R. clinophylla.	52. R. Indica. Tous les Rosiers dits du Bengale sont compris dans ce groupe.	53. R. arvensis. 54. R. stylosa. 55. R. sempervirens. 56. R. moschata. 57. R. brevistyla.

TABLEAU SYNOPTIQUE DE LA DIV

RÉUNION ARTI

α. GRIMPANTES OU COUCHÉES.

I.	II.	III.	
SIMPLICIFOLIÆ.	FLORIDÆ.	LÆVIGATÆ.	BA
Rosiers à feuilles simples.	A bractées et stipules profondément incisées ; beaucoup de fleurs.	A feuilles de trois, rarement de cinq folioles.	à flu und

§. III.

Réunion d'après les modifications des t

XXII. TURBINATÆ.		XX
Tubes des calices offrant la forme d'une toupie.		Tubes partie de floréales.
43. R. *turbinata.* 44. R. *rapa.* 45. R. *inermis.* 46. R. *Rosenbergiana.*	47. R. *campanulata.* 48. R. *Orbessanea.* 49. R. *sulfurea.*	50. R. 51. R.

TABLE ALPHABÉTIQUE

DES NOMS DES AUTEURS

ET DES TITRES DES OUVRAGES

CITÉS PAR ABRÉVIATION DANS LA SYNONYMIE.

A.

Ait. Hort. Kew. AITON (William). Hortus Kewensis. Ed. prima. *London*, 1789, 3 vol. in-8°.

Ait. Hort. Kew. Ed. secunda. AITON (Will-Townsend). Hortus Kewensis. Ed. secunda. *London*, 1810 — 1813, 5 vol. in-8°.

— *Epit. of the second Ed.* IDEM. An Epitome of the second edition, of Hortus Kewensis.... With references to figures of the plants. *London*, 1814, 1 vol. in-8°.

(10)

All. Fl. Ped. **Allioni** (Carolus). Flora Pedemon-
tana. *Taurini,* 1785, 3 vol. in-folio.

And. Roses. **Andrews** (H.-C.) **Roses**, or a mono-
graph of the genus Rosa. *London,* 1787 et
années suivantes, in- 4°. Cet ouvrage n'est pas
paginé, et les planches sont sans numéro.

B.

Bast. Fl. M. et L. **Bastard** (T.) Essai sur la Flore
du département de Maine - et - Loire. *Angers,*
1809, 1 vol. in-12.

— *Suppl.* **Idem.** Supplément à l'Essai sur la Flore
du département de Maine - et - Loire. *Angers,*
1812, 1 vol. in-12. *Voyez* **Desvaux.**

C. Bauh. Pin. **Bauhin** (Gaspard.) Pinax theatri
botanici. *Basileæ,* Ed. prima, 1623. Ed. secunda, 1671, in-4°.

J. Bauh. Hist. **Bauhin** (Jean). Historia plantarum
universalis. *Ebroduni,* 1650 — 1651, 3 vol.
in-folio.

Bell. Append. **Bellardi** (Ludovico). Appendix ad
floram Pedemontanam. Mémoires de l'Académie de Turin, 1790, tome V, page 230 et suivantes.

Besl. Eystet. **Besler** (Basilius). Hortus Eystet-
tensis. *Nuremberg,* 1612, 2 vol. in-folio.

Bieb. Cauc. MARSCHALL de BIEBERSTEIN (L. B. Fred.) Flora Taurico - Caucasica. *Charkoviæ*, 1808, 1 vol. in-8°.

Blacw. herb. BLACWELL (Elisabeth). A curious herbal containing 5oo. Cuts of the useful plants. *London*, 1737, 2 vol. in-folio. Autre édition avec une préface de Christ.-Jacques Trews. *Norimb.*, 1757, in-folio.

Bosc. Nouv. Cours. BOSC (Louis). La Monographie du genre Rosier dans le Nouveau Cours complet d'Agriculture théorique et pratique, tome II, pages 237—270. Voyez *Nouv. Dict. d'Agriculture.*

Bot. cultiv. Voyez Dumont-de-Courset.

Brock. vers. BROCKHAUSEN (Moritz Blach). Versuch einer forstbotanischen Beschreibung, etc., ou Essai d'une description botanique des arbres qui croissent en pleine terre dans la *Hesse-Darmstad. Francf-Mœn,* 1790, 1 vol. in-8°.

C.

Charp. Ros. de sem. CHARPENTIER. Rosiers de semis gagnés par Charpentier, jardinier en chef du palais de la Chambre des Pairs. *Paris*, sans date (1815), in-4°.

Clus. Rar. hist. CLUSIUS ou DE L'ÉCLUSE (Charles).

Rariorum plantarum historia. *Antverpiæ*, 1601, 1 vol. in-folio.

— *Cur. post.* IDEM. Curæ posteriores, opus post-humum. *Antverpiæ*, 1611, in-folio. Il y a une édition in-4°.

Corn. Canad. CORNUTI (Jacobus). Canadensium plantarum, aliarumque nondum editarum historia, *Parisiis*, 1635, in-4°.

Crantz. Aust. CRANTZ (Henr.-Joh.-Nepom.) Stirpium Austriacarum fasciculi. *Viennæ*, fasc. 1, 1762, in-8°, et 1768, in-4°. — 2, 1763, in-8°, et 1768, in-4°. — 3, 1767, in-8°, et 1768, in-4°. Ed. 3, fasc. 6, 1769.

Curt. Bot. mag. CURTIS (William). The botanical Magazine. *London*, in-8°, 1 vol.. 1787. — 2, 1788. — 3, 1790. — 4, 1791. — 5, 1792. — 6, 1793. — 7, 8, 1794. — 9, 1795. — 10, 1796. — 11, 1797. — 12, 1798.

Suite par le docteur SIMS : vol. 13 et 14. 1799 — 1816.

D.

DC. Fl. franc. DE CANDOLLE (Augustin-Pyramus). Monographie du genre Rosier dans les vol. 4 et 6 de la 3e édition de la Flore française, par Lamarck et De Candolle. (An 13), 1805—1815. 6 vol. in-8°.

— *Synops.* Idem et Lamarck. Synopsis plantarum in Flora gallica descriptarum. *Parisiis*, 1806, 1 vol. in-8°.

Cat. Hort. Monsp. Idem. Catalogus plantarum horti botanici monspeliensis. *Monspelii*, 1813, 1 vol. in-8°.

— *Div. des Roses.* Idem. Division des Roses, d'après M. le professeur De Candolle. Dans le Musée helvétique d'histoire naturelle, 1er cahier, pages 2—4. *Voyez* Seringe.

De Laun. Bon. Jard. Mordant De Launay (Jean-Claude-Michel). Le Bon Jardinier. *Paris*, 1 vol. in-12, année 1804 et suivantes.

Dem. Essai. Dematra. Essai d'une Monagraphie des Rosiers indigènes du canton de Fribourg. *Fribourg*, 1818, in-8°.

Desf. Fl. Atl. Desfontaines (Réné-Louis). Flora Atlantica. *Parisiis*, 1798 — 1799, 2 vol. in-4°.

— *Cat. H. Par.* Idem. Tableau de l'École de Botanique du Muséum d'Histoire naturelle de Paris. *Paris*, 1804, in-8°. Seconde édition, 1816.

— *Arbr. et Arbriss.* Histoire des arbres et arbrisseaux qui peuvent être cultivés en pleine terre sur le sol de la France. *Paris*, 1809, 2 vol. in-8°.

(14)

Desv. Jour. Bot. **Desvaux** (**N.-A.**) Observations critiques sur les espèces de Rosiers propres au sol de la France, lues à l'Institut le 31 mai 1813. Dans le Journal de Botanique de la même année, pag. 112 — 120. *Voyez* le même Journal, 1810, vol. II, pag. 317.

— *Observ. sur les Pl. d'Ang.* **Idem.** Observations sur les plantes des environs d'Angers. *Angers,* 1818, 1 vol. in-8°.

Dill. Giss. **Dillenius** (Joh.-Jac.) Catalogus plantarum sponte circà Gissam nascentium, etc. *Francf. ad Rh.*, 1719, 1 vol. in-8°.

— *Elth.* **Idem.** Hortus elthamensis. *Londini,* 1732, 2 vol. in-folio.

Doon Hort. Cantabrig. **Doon** (James). Hortus cantabrigiensis or a Catalogue of plants indigenous and Exotic... Septième édit. *London,* 1812, 1 vol. in-8°.

Duham. arb. **Duhamel du Monceau** (Henry-Louis). Traité des arbres et arbustes qui se cultivent en France en pleine terre. *Paris,* 1755, 2 vol. iu-4°. Traduit en allemand, 1762-1763. 3 vol. in-4°.

— *Arb. ed. Mich.* (Nouveau Duhamel). Traité des arbres et arbustes, etc. Seconde édition considérablement augmentée, publiée par Michel. *Paris*, sans date (1801 — 1817), 7 vol. in-folio.

Dum. Cours. Bot. cult. DUMONT-DE-COURSET. La Monographie du genre Rosier dans le Botaniste cultivateur. *Paris*, 1802, 5 vol. in-8°. Seconde édition. *Paris*, 1811, 6 vol. in-8°. Suppl. 1814.

Du P. Ch. des Roses. DU PONT (André). Choix des Roses greffées sur Canina, *Vulgo* Églantier, qui se trouvent chez Du Pont, rue Fontaine-au-Roi, faubourg du Temple, n° 8. *Paris*, sans date (1809) in-8°.

—*Gymn. Ros.* IDEM. Gymnasium Rosarum (Edente Cl. Ant. THORY). Voyez *Thy. Ros. Cand.*

Du Roi Harbk. DU ROI (Joh.-Phil.) Die Harbkesche wilde Baumzucht, etc., ou de la culture des arbres de Harbkesche. *Braunschweig*, 1771 — 1772, 2 vol. in-8°. Nouvelle édition augmentée par Pott, 1795 — 1800.

E.

Ehrh. Beitr. EHRHART (Friedrich). Beitræge zur Naturkunde, ou Matériaux pour servir à l'étude de l'Histoire naturelle. *Hannover* et *Osnabruck*, 1787 — 1792, 7 vol. in-8°.

F.

Fl. Danica. Flora Danica. *Voyez* OEDER.

G.

Gater. pl. Montaub. GATERAU. Description des plantes qui croissent aux environs de Montauban. *Montauban,* 1789, 1 vol. in-8°.

Gm. Fl. Bad. GMELIN (Carol.-Christoph.) Flora Badensis – Alsatica. *Carlsruhæ,* 1805—1808, 3 vol. in-8°.

Gm. Tub. GMELIN (Joh.-Frid.) Enumeratio stirpium in agro Tubinengi indigenarum. *Tubingæ,* 1772, 1 vol. in-8°.

— *Syst. Nat.* IDEM. Caroli Linnæi Systema Naturæ. *Lugduni,* 1796, 3 vol. in-8°.

Gouan. Hor. Monsp. GOUAN (Antoine). Hortus regius monspeliensis. *Lugduni,* 1762, 1 vol. in-8°.

— *Fl. Monsp.* IDEM. Flora monspeliaca. *Lugduni,* 1765, 1 vol. in-8°.

— *Ill.* IDEM. Illustrationes et observationes botanicæ. *Tugiri,* 1773, 1 vol. in-folio.

Guerr. Alm. GUERRAPAIN (Thomas). Almanach des Roses, dédié aux Dames. *Troyes,* 1811, 1 vol. in-12.

H.

Herm. Diss. de Rosa. Hermann (Johan). Disser
tatio inauguralis botanico - medica de Rosâ.
Argent., 1762, 1 vol. in-4°.

Hortus Anglus. A Catalogue of Trees, Shrubs,
Plants, and Flowers, which aer propagated foi
sale in the gardens near London. *London*, 1730,
in-folio.

Host. Syn. Host (Nicol.-Thomas). Synopsis Plantarum in Austria crescentium. *Vindobonæ*,
1801 — 1803, 3 vol. in-8°.

Huds. Fl. Ang. Hudson (William). Flora anglica.
London, 1762, 1 vol. in-8°. Seconde édition.
Ibid., 1778, 2 vol. in-8°.

J.

Jacq. Hort. Vind. Von Jacquin (Nic. - Joseph).
Hortus botanicus vindobonensis. *Vindobonæ*,
1770 — 1776, 3 vol. in-folio.

— *Enum. Vind.* Idem. Enumeratio stirpium quæ
sponte crescunt in agro vindobonensi. *Vindobonæ*, 1761, 1 vol. in-8°.

— *Fl. Aus.* Idem. Floræ Austriacæ Icones. *Vind.*,
1773 — 1778, 5 vol. in-folio.

— *Obs. Bot.* Idem. Observationes botanicæ. *Vind.,* 1764 — 1771, 4 fasc. in-4°.

Juss. Gen. De Jussieu (Ant.-Laurent). Genera plantarum. *Paris,* 1789, 1 vol. in-8°. (App. page 452. *Rosa simplicifolia*). Autre édition par Usteri (Paul), cum notis. *Turici,* 1791, in-8°.

K.

Knorr. Thes. Knorr (Georg.-Wolffgand). Thesaurus rei herbariæ , hortensisque universalis. *Nurnberg,* 1770 — 1772, 2 vol. in-folio.

Krock. Fl. Siles. Krocker (Ant.-Joh.) Flora silesiaca renovata, emendata, continens plantas Silesiæ indigenas de novo descriptas. *Uratislaviæ,* 1787 — 1790, 2 vol. in-8°.

L.

Lawr. Roses. Lawrance (Miss). Collection of Roses engraved coloured from nature. *London,* 1796 — 1799, in folio.

Leers Fl. Herbor. Leers (John-Dan.) Flora Herbornensis. *Coloniæ Allobro ,* 1789 — 1 vol. in-8°.

Lej. Fl. Spa. Lejeune (A.-L.-S.) Flore des environs de Spa. *Liège,* 1811 — 1813, 2 vol. in-8°.

(19)

Leys. Hal. Leysser (Frid.-Wihelm.) Flora ha
lensis. *Halæ,* 1783, 1 vol. in-8°.

Lib. Libert (Marie-Anne). *Voyez* Lejeune, Flore
des environs de Spa.

Lieb. Fl. Fuld. Lieblin (Franc.-Gasp.) Flora ful-
densis. *Francf.-Mein,* 1784, 1 vol. in-8°.

Lin. Syst. Nat. Linné, ou Von Linné (Carolus).
Systema naturæ.

— Édition 1re, *Lugd. Bat.* 1735, in-folio. Elle
n'a que douze pages. — Édit. 2e, *Holmiæ,* 1740,
in-8°. Revue par Linné. — Édit. 3e, *Halle,*
1740, in-4° oblong. Par Langen, latin et allemand. — Édit. 4e, *Paris,* 1744, in-8°. Par
Bern. de Jussieu. — Édit. 5e, *Halæ,* 1747,
in-8°. Par Agnethler. — Édit. 6e, *Holmiæ,*
1748, in-8°, avec le portrait de Linné. — Édit.
7e, *Lipziæ,* 1748, in-8°, avec les noms alle-
mands. — Édit. 8e, *Holmiæ,* 1753, in-8°, en
suédois, le règne végétal par Harmann, et le
règne minéral par Muller. — Édit. 9e, *Lugduni
bat.* 1756; in-8°. Par Gronovius. Réimprimée
à *Luques* en 1758. — Édit. 10e, *Holmiæ,*
1758 — 1759, 2 vol. in-8°, en suédois. —
Édit. 11e, *Halæ,* 1760, 3 vol. in-8°. Mau-
vaise, remplie de fautes. — Édit. 12e, *Holmiæ,*
1766, 3 vol. in-8°. — Édit. 13e, *Cur. Gmelin,*
1788 — 1793, 3 vol. ou dix parties in-8°.

— *Spec. Plant.* Idem. Species plantarum. Édit. 1re, *Holmiæ*, 1753, 2 vol. in-8°. — Édit. 2e, *ibid.* 1762 — 1763, 2 vol. in-8°. — Édit. 3e, *Vindobonæ*, 1764. — Édit. 4e. *Voyez* Reich. Syst. — Édition cinquième. *Voyez* Willdenow Spec.

—*Mat. medic.* Idem. Materia medica, *Holmiæ*, 1749, 1 vol. in-8°. Édition de Schreber, 1772, in-8°.

Lin.f. Supp. Linné fils (Carolus). Supplementum plantarum. *Brunsvigæ*, 1781, 1 vol. in-8°.

Lob. Icon. Lobelius ou Delobel (Mathias). Plantarum seu stirpium icones. *Antverpiæ*, 1591, in-4° obl.

Lois Fl. Gall. Loiseleur-Deslonchamps (J.-L.-A.) Flora gallica. *Parisiis*, 1806—1807, 2 v. in-12.

— *Not.* Idem. Notice sur les plantes à ajouter à la Flore de France. *Paris*, 1810, 1 vol. in-8°.

— *Nouv. Duham.* La Monographie du genre Rosier dans le Traité des arbres et arbustes de Duhamel-du-Monceau (*le Nouveau Duhamel*), édit. de Michel, tome VII, pages 13 — 60. Voyez *Duham. Arb.*

Lour. Fl. Cochin. De Loureiro (Joannes). Flora cochinchinensis. *Ullyssipone*, 1790, 2 vol. in-4°. Seconde édition, Curante Willdenow. *Berlin*, 2 vol· in-8°.

M.

Marsch. Caucase. Voyez Bieb.

Math. Comp. Mathiolus (P.-Andr.) Compendium de plantis omnibus, cum earum iconibus, etc. *Venetiis,* 1571 in-4°.

Mer. Fl. Paris. Merat (F.-V.) Nouvelle Flore des environs de Paris. *Paris,* 1812, 1 vol. in-8°.

Michx. Fl. Bor. Am. Michaux (André). Flora boreali-americana, sistens characteres plantarum, etc. *Parisiis,* 1803, 2 vol. in-8°.

Mill. Flor. Dict. Miller (Philipe.) The gardeners and Florist's Dictionary. *London,* 1724, 2 vol. in-8°.

— *Dict.* Idem. The gardeners Dictionary. *London,* 1731, in-folio. Cet ouvrage a eu neuf éditions, imprimées à Londres, la neuvième publiée par Martyn.

— *Dict. ed. gall.* Idem. Le Dictionnaire des Jardiniers. *Paris,* 1785, 8 vol. in-4°.

Mill. Mag. Ency. Millin (Aubin-Louis). Magasin encyclopédique. *Paris,* 1795 — 1818, 4 vol. in-8° par année. Voir janv. 1818. R. Redutea.

Mœnch. Hort. Weiss. Moench (Conrard). Verzeichniss auslœndischer Bœume des Lustscholosses Weissenstein, ou Catalogue des arbres et arbustes étrangers qu'on cultive au château de plaisance de Weisenstein, près Cassel, etc. *Franck*, und *Leipz.*, 1785, in-8°.

— *Enum. Hass.* Idem. Enumeratio plantarum indigenarum Hassiæ, præsertim inferioris, pars prima. *Gottingæ*, 1777, 1 vol. in-8°.

— *Meth.* Idem. Methodus plantas horti et agri marburgensis a staminum situ describendi. *Marburgi*, 1794, 1 vol. in-8°.

Mordant De Launay. Voyez De Launay.

Murr. Syst. Veg. Murray (Joh. - And.) Caroli Linnæi Systema vegetabilium. ed. 13. *Gottingæ et Gothæ*, 1744. — *Gottingæ*, 1784. — *Parisiis*, 1798, 1 vol. in-8°.

N.

Nouv. Dict. d'Agr. Nouveau Cours complet, ou Dictionnaire raisonné d'Agriculture, par les membres de la section d'Agriculture de l'Institut. *Paris*, 1809, 13 vol. in-8°. *Voyez* Bosc et Rozier.

Nouv. Duham. Nouveau Duhamel. *Voyez* Duhamel et Loiseleur Deslonchamps.

Nutt. Nort. Amer. Nuttall (Thomas). The genera

of north Américan plants, etc. *Philadelphia*, 1818, 2 vol. in-8°.

O.

Oed. Fl. Dan. Oeder (Georg.-Christ.) Icones plantarum sponte nascentium in regnis Daniæ et Norvegiæ, etc. *Hafniæ*, 1761 — 1816, 8 vol. in-folio.

P.

Pall. Nov. Act. Petrop. Pallas (Peter-Simon). R. Berberifolia. Nova Acta Academiæ Scientiarum imperialis petropolitanæ, etc. 10, pag. 379.

— *Itin.* Idem. Reise durch Verschiedene, etc., ou Voyage dans l'empire de Russie. *Petersburg,* 1771 — 1776, 3 vol. in-4°. Traduit en français, 8 vol. in-8°.

Parkins. Parad. Parkinson (John). Paradisi in sole paradisus terrestris, or a Garden of flowers. *London*, 1629, 1 vol in-folio.

— *Theatr.* Idem. Theatrum botanicum. *London*, 1640, 1 vol. in-folio.

Pers. Syn. Persoon (Christ.-Henricus). Synopsis plantarum. *Parisiis*, 1805—1807, 2 vol. in-12.

Petiv. Gazoph. Petiver (James). Gazophylacium naturæ et artis, dec. 5. *Londini,* 1702 — 1704, in-folio.

Poir. Ency. Poiret (J.-L.-M.) La Monographie du genre Rosier dans le Dictionnaire de Botanique de l'Encyclopédie méthodique, savoir : vol. 6, publié en 1804; et le Suppl. au vol. 4, publié en 1816.

Pursch. Fl. Bor.-Am. Pursch (Frid.) Flora Borcalis-Americana. *London*, 1814, 2 vol. in-8°.

R.

Rau. Enum. Ros. Rau (Ambrosius). Enumeratio Rosarum circa Wirceburgum et pagos adjacentes sponte crescentium, etc. *Norimbergæ*, 1816, 1 vol. in-8°.

Red. R. Redouté (Pierre-Joseph). Les Roses, avec le texte, par Claude-Antoine Thory. *Paris*, 1817, 2 vol. in-folio. Voyez *Thy. Red. R.*

Retz. Obs. Bot. Retzius (And.-Joh.) Observationes botanicæ. *Londini*, 1774, 6 fasc. in - folio : 1re édit. in-4°. *Ibid.*, 1774; 2e édit. *Lipsiæ*, 1779, 1781, 1783, 1786, 1789 et 1791.

— *Fl. Scand. Prod.* Idem. Floræ Scandinaviæ Prodromus, enumerans plantas Sueciæ, Lapponiæ, Finlandiæ, etc. *Holmiæ*, 1779, 1 vol. in-8°. Autre édition, *Lipsiæ*, 1795, in 8°.

Reyn. Mem. Soc. Lauz. Reynier (Louis). Description de quelques espèces nouvelles, ou peu connues, de Rosiers. Dans les Mémoires de la Société des Sciences physiques de Lauzanne, 1784, page 571.

Roess. Beschrei. Roessig (E.-G.) Oekonomisch-botanische Beschreibung der Rosen, etc., ou Description économique et botanique des Roses. *Leips.*, 1799, 1 vol. in-8°. Suite du même ouvrage, *ibid.*, 1783, 1 vol. in 8°.

— *Roses.* Idem. Die Rosen, ou les Roses, avec la traduction française en regard du texte allemand, par De Lahitte, 10 fasc. in-4°. *Leips.*, 1800 — 1817.

Roth. Fl. Germ. Roth (Albert-Wilh.) Tentamen Floræ Germanicæ. *Lipsiæ*, 1788—1801, 3 vol. in-8°.

— *Catal.* Idem. Catalecta Botanica quibus plantæ novæ et minus cognitæ describuntur atque illustrantur. *Lipsiæ*, 1797 — 1805, 3 vol. in-8°.

Roz. Dict. Agr. Rozier (François). Cours complet ou Dictionnaire d'Agriculture théorique et pratique. *Paris*, 1791 — 1805, 12 vol. in-4°, les trois derniers rédigés par MM. Thouin, Parmentier, etc. Édition 2, par Sonnini. *Paris*, 1809, 6 vol. in 8°. Édition 3, Nouveau Cours complet, ou Dictionnaire raisonné d'Agriculture , etc. *Paris*, 1809, 13 vol. in-8°. Voyez *Nouv. Dict. Agr.*

S.

Salisb. Prod. SALISBURY (Richardus-Antonius). Prodromus stirpium in Horto ad Chapel Allerton vigentium. *Londini*, 1796 , 1 vol. in-8°.

Savi. Fl. Pis. SAVI (Gaetano). Flora Pisana. *Pisis*, 1798, 2 vol. in-8°.

Scholl. Fl. Barb. SCHOLLER (Fred.-Ad.) Flora Barbiensis. *Lipsiæ*, 1785, 1 vol. in-8°.

Scop. Fl. Car. SCOPOLI (Joh.-Ant.) Flora Carniolica. *Viennæ*, 1760, 1 vol. in-8°. Seconde édition, augmentée, *ibid.*, 1772, 2 vol. in-8°.

Ser. Mel. Bot. SERINGE (N. C.) Mélanges botaniques, ou Recueil d'observations, Mémoires et Notices sur la Botanique, N° 1, juillet 1818, pag. 1 — 63. *Berne,* in-8°.

— *Musée Helv.* IDEM. Musée Helvétique d'Histoire naturelle. Premier cahier, contenant : 1° Observations générales sur les Roses; 2° Description de la *Rosa Rubrifolia* et de ses variétés; 3° Remarques sur les six premières livraisons des Roses de M. REDOUTÉ. *Winterthur* (1818), impensis J.-J. Burgdorfer, in-4°.

Sims Bot. Mag. SIMS. Botanical Magazine of Curtis continued., vol. 13, 14, 15, in-8°. *London, 1799 — 1820. Voyez* CURTIS.

Smith. Engl. Bot. SMITH (James-Edward). English Botany, or a coloured figures of British Plants, etc. *London, 1790, et années suivantes.*

— *Fl. Brit.* IDEM. Flora Britannica. *Londini,* 1800 — 1804, 3 vol. in-8°.

Sut. Fl. Helv. SUTER (Joh.-Rud.) Flora Helvetica exhibens Plantas Helvetiæ indigenas Hellerianas... *Turici,* 1802, 2 vol. in-12.

Suther. Hort. Edim. SUTHERLAND (James). Hortus medicus Edimburgensis. *Edimburg.,* 1683, 1 vol. in-8°.

Swartz. Fl. Ind. occ. SWARTZ (Olof.) Flora Indiæ occidentalis. *Erlangæ,* 1797 — 1806, 3 vol. in-8°.

T.

Tab. Ic. Plant. TABERNAEMONTANUS (Jacobus-Theodorus). Icones Plantarum seu stirpium. curante N. Bassœo. *Francf.-Mœn.,* 1590, in-4°.

Thy. R. Redut. THORY (Claude-Antoine). Rosa Redutea, seu Descriptio novæ speciei generis Rosæ, dicata Pet. Josepho REDOUTÉ, eximio florum pictori. *Parisiis,* 1817, in-8°, fig.

— *R. Cand.* IDEM. Rosa Candolleana, seu descriptio novæ speciei generis Rosæ, dicata Pyr.-Aug. De CANDOLLE, a Cl.-Ant. THORY, in prima Parisiorum civitatis circumscriptione ædili vicario, addito Catalogo Rosarum quas in horto suo studiose colebat And. DU PONT, anno 1813. *Parisiis*, 1819, in-8°, fig. *Voyez* Bibliothèque universelle des Sciences, Belles-Lettres et Arts, faisant suite à la Bibliothèque Britannique, tome 10, avril 1819, p. 282—287, fig.

— *In Red. Roses.* IDEM. Texte des Roses de P.-J. REDOUTÉ. *Voyez* ce nom.

Thuill. Fl. Paris. THUILLIER (J.-L.) Flore des environs de Paris. *Paris*, 1792, 1 vol. in-12.

—*Fl. de Paris*, édit. 2. IDEM. Flore des environs de Paris, nouvelle édition, revue, corrigée, etc. *Paris*, 1799, 1 vol. in-8°.

Thun. Fl. Jap. THUNBERG (Car.-Peter.) Flora Japonica. *Lipsiæ*, 1784, 1 vol. in-8°.

Tourn. Instit. PITTON DE TOURNEFORT (Joseph). Institutiones rei herbariæ. *Parisiis*, 1717 et 1719, curante A. DE JUSSIEU, 3 vol. in-4°.

— *Coroll.* IDEM. Corollarium institutionum rei herbariæ. *Parisiis*, 1703, in-4°.

Turr. Fl. Ital. Prod. TURRA (Antonius). Floræ Italicæ Prodromus. *Vicentiæ*, 1780, in-8°.

V.

Vent. Jard. Cels. VENTENAT (Étienne - Pierre). Description des Plantes nouvelles et peu connues du jardin de J. M. Cels. *Paris*, 1800, in-folio.

Vill. Dauph. VILLARS (D.) Histoire des Plantes du Dauphiné. *Grenoble*, 1786 — 1788, 3 vol. in-8°.

Viv. Fl. It. Frag. VIVIANI (Domin.) Floræ Italicæ fragmenta. *Genuæ*, 1808, 1 fasc. in-4°.

W.

Wang. Amer. Von WANGENHEIM (Fried.-Ad.-Jul.) Beschreibung einiger Nord - Amerikanischer Holzund Buscharten , etc., ou Description de quelques Arbres et Arbustes de l'Amérique, etc. *Gottingæ*, 1781, 1 vol. in-8°.

Wib. Prodr. Werth. WIBEL (A.-G.-E.-Chr.) Primitiarum Floræ Wertheimensis Prodromus. *Jenæ*, 1797, in-8°.

— *Fl. Werth.* IDEM. Primitiæ Floræ Wertheimensis. *Ibid.*, 1799, in-8°.

Willd. Spec. Pl. WILLDENOW (Carolus Ludovicus). Species Plantarum C. Linnæi ; editio post

Reichard 5. *Berolini*, 5 vol. in-8°. Vol. 1 , 1re partie, 1797 ; 2^e partie, 1798. — Vol. 2 , 1re et 2^e partie, 1799. — Vol. 3, 1re partie, 1800; 2^e partie, 1801; 3^e partie, 1803. — Vol. 4, 1re partie, 1805; 2^e partie, 1807. — Vol 5 , 1810.

— *Berlin. Baumz.* IDEM. Berlinische Baumzucht , ou Description des Arbres et Arbustes qui croissent dans le territoire de la ville de Berlin. *Berlin* , 1796, 1 vol. in-8°.

—*Enum. Hort. Ber.* IDEM. Enumeratio plantarum Horti Regii Botanici Berolinensis. *Berolini,* 1809 — 1813 , 2 vol. in-8°.

— *Prod. Fl. Ber.* IDEM. Floræ Berolinensis Prodromus. *Berolini,* 1787, 1 vol. in-8°.

Witt. Rodog. WITTICHIUS (Joh.) Rhodographia , oder Beischreibung der Rosen , ou Description des Roses. *Dresden ,* 1604, 1 vol. in-8°.

PRODROME

DE LA MONOGRAPHIE

DES ESPÈCES ET VARIÉTÉS

DU GENRE ROSIER.

~~~~~~~~~~~~~~~~~~~~~~~~~~~~~~~~~~~~~~

ROSA. — ROSIER.

Rosa, Linné, Classe 12. Icosandrie Polyginie.

Jussieu, Classe 14. Dicotylédones polypétales; étamines insérées autour de l'ovaire.

Les caractères génériques du Rosier sont : un calice monophylle à tube ventru, charnu, resserré au sommet, à cinq divisions lancéolées, deux entières, deux appendiculées de chaque côté, et la cin-
~~~~~~~~~~~~~~~~~~~~~~~~~~~~~~~~~~~~~~

quième munie d'appendices d'un seul côté.

Une corolle de cinq pétales insérés sur le tube du calice.

Des étamines très-nombreuses terminées par des anthères trilobées.

Des ovaires nombreux placés, sans ordre, au centre du tube du calice, surmontés de styles à stigmates simples, tantôt libres, tantôt ramassés en faisceau, tantôt soudés de manière à faire croire qu'il n'existe qu'un seul style.

Le tube du calice se convertit en une baie charnue, indéhiscente, molle et colorée à sa maturité, qui affecte diverses formes.

Les graines, au nombre de vingt, ou trente, quelquefois davantage, sont osseuses, à peu près ovales, rougeâtres, couvertes de duvet, et attachées aux parois intérieures du tube qui sont également ment hérissées de poils soyeux, ou portées sur une espèce de réceptacle conique qu'on remarque au centre de la baie.

ESPÈCES.

PARAGRAPHE PREMIER.

RÉUNION ARTIFICIELLE D'APRÈS LES DIFFÉRENTS ÉTATS DES TIGES.

α. Tiges grimpantes ou couchées.

GROUPE IER.

SIMPLIFOLIÆ.

Rosiers toujours munis de feuilles simples; tiges couchées.

1. ROSA BERBERIFOLIA. Pallas.

R. germinibus globosis pedunculisque aculeatis; caule aculeis subgeminatis uncinatis; foliis simplicibus subsessilibus. Willd. Sp. 2, p. 160. Pall. Nov. act.

2..

Petrop. 10, p. 379, T. 10, fig. 15. Red. R. 1, p. et fig. 37.

R. simplicifolia. Juss., Gen. app. p. 452. Salisb., Prodr. stirp. Hort, ad Chap. Allert., p. 359.

Fleurs jaunes avec une tache rougeâtre près de l'onglet. Croît dans les parties septentrionales de la Perse, d'où il a été rapporté par Michaux. Vulg. *Rosier à feuilles simples,* ou *à feuilles d'épine-vinette.*

GROUPE II.

FLORIDÆ.

Rosiers à bractées et stipules profondément incisées (pectinées), remarquables par la grande quantité de fleurs
dont ils se couvrent.

2. ROSA MULTIFLORA. Thunberg.

R. germinibus subovatis, pedunculisque villosis inermibus; foliolis discoloribus, supra glabris subtus pubescentibus;
stipulis bracteisque pectinatim-subpar-
titis; caulibus scandentibus petiolisque
aculeatis; pedunculis multifloris. Thy. ,
in Red. R., 2, p. 69.

α. *R. multiflora fl. simplici.* Thy. *l. c.* p. 70. *La
     multiflore à fleurs simples.*

β. *R. multiflora Thunbergiana.* Thy. *l. c.*

   R. multiflora. Thunb. Jap. , p. 214. Poir.
   Ency. 6, p. 290, n° 22. *La multiflore.
   blanche.*

γ. *R. multiflora carnea.* Thy. *l. c.* Red. R. 2, p. et
fig. 67.

R. multiflora. Andr. R. cum fig. Nouv.
Duham., vol. 7, p. 28, fig. n° 17. Smith,
Engl. Bot. Tab. 992.

R. florida. Poir. *l. c.* Supp., p. 715. Curt.
Bot. Mag., n° 1059. Vulg. *multiflore carnée ; multiflore à bouquets ;* c'est le *Rosier
à feuilles de ronce* des Anglais.

δ. *R. multiflora platyphilla.* Thy. *l. c.* Red. R. ,
l. c. p. et fig. 69. *Le Rosier multiflore à
feuilles larges.*

Tous ces Rosiers croissent à la Chine
et au Japon.

GROUPE III.

LÆVIGATÆ.

Rosiers à tiges glabres et aiguillonnées: à tubes des calices chargés de poils glanduleux; à feuilles lissées presque toujours composées de trois folioles, rarement de cinq; à stipules libres.

3. ROSA NIVEA.

R. calycum tubis subhispidis, pedunculo glabriusculo foliis breviore, solitario, foliis 3, rarius 5, lanceolatis, lucidis perennantibus, subtus petiolisque aculeatis; foliis in apice ramulorum, sub flore, congestis. DC. Cat. Hort. Monsp., 137, n° 181. POIR., Ency. Supp. au T. 4, 2ᵉ partie, p. 713, n° 54. RED. Roses, 2, p. et fig. 81.

R. lævigata. MICHAUX, Fl. Bor. Am., 1, p. 295. NUTT. Nort-Amer. 1, p. 308. n° 10.

R. ternata. Poiret, *l. c.* vol. 6, n° 11.

Naturel au sol de la Nouvelle-Géorgie. Il a fleuri cette année, au mois de mai, dans le jardin de M. Redouté à Fleury sous Meudon.

C'est le *R. sinica* des pépinières, mais il est douteux que celui de Linné soit le même. Vulg. *Rosier de la Chine; Rosier trifolié.*

GROUPE IV.

BANCKSIENENSES.

Rosiers à stipules libres; à pédicelles réunis en une ombelle parfaite; à tiges sans aiguillons.

4. ROSA BANKSIÆ.

R. inermis, lævis, glabra, fructibus globosis; foliis ternatis pinnatisque, nitidis; stipulis setaceis distinctis. AIT. KEW. Ed. 2, p. 259. POIR. Ency. Supp. au T. 4, 2e partie, p. 716. RED. R., 2 p^e. et fig. 39. *Rosier de lady Banks.*

Originaire de la Chine : rapporté d'Angleterre par M. BOURSAULT, chez lequel il a fleuri, pour la première fois en France, dans l'année 1819. La Rose est blanche, presque double, et très-odorante.

β. *Tiges munies d'aiguillons droits ou de poils flexibles.*

GROUPE V.

SPINOSISSIMÆ.

Rosiers à tiges chargées d'un grand nombre d'aiguillons fermes, plus ou moins longs, rapprochés entre eux, et presque droits; à divisions du limbe entières et courtes.

5. ROSA PIMPINELLIFOLIA. Linné.

R. germinibus globosis pedunculisque glabris hispidisve; caule aculeis inæqualibus, confertis rectis; foliolis ovatis, obtusis, simpliciter serratis, basi integerrimis, utrinque glabris; calycibus integris; floribus solitariis. Thy. in Red., R. 1, p. 84.

R. pimpinellifolia. L. Spec. 703. Ait. Kew., éd. 1, vol. 2, p. 202. Willd. Spec.

2, 1067, DC. Fl. Franc. 3ᵉ édit., 3697.
DESV. J. Bot. Septembre 1813, p. 119.
NOUV. DUHAM, vol. 7, p. 19, pl. 16,
fig. 2, ROESS., R. fig. n° 9.

R. spinosissima. L. Sp. 705. SMITH.,
Fl. Brit. 2, p. 537. AIT. *l. c.* p. 203.
DC. *l. c.* Var. α. POIRET., Ency. 6, p. 284.
DESV. *l. c.* Var. γ. MISS. Lawr. Tab. 187.
AND. R. fig.

α. *R. pimpinellifolia pumila.* THY. in RED. R.
    1, p. 84. RED. R. 1, p. 85.

  R. scotica? MILLER. Dict. éd. de 1786, vol. 6,
    p. 324.

  R. pumila spinosissima, etc. J. B. Hist. 2,
    p. 40, cum fig. *Le petit Rosier pimpre-
    nelle.*

β. *R. pimpinellifolia involuta.* THY. *l. c.*

  R. involuta. SM. Fl. Brit. Add. 3, p. 40.
    Rosier pimprenelle à pétales roulés.

γ. *R. pimpinellifolia Mariæburgensis.* THY. *l. c.*
    Le Rosier pimprenelle de Marienbourg.

δ. *R. pimpinellifolia altaïca.* THY. *l. c.*

  R. altaïca. WILLD. En. Pl. Ber. p. 543.

ε. *R. pimpinellifolia inermis.*

D. C. *l. c.* Var. γ. Desv. *l. c.* Var. β. Nouv.
Duham. *l. c.* Var. γ. *La pimprenelle sans
épines.*

ζ. *R. pimpinellifolia flore variegato.* Nouv. Duham.
l. c. Var. ε.

R. spinosissima Cyphiana. Smith. *l. c.* Var. β.

R. Nova variegata. Du P. Gym. Ros. in Thy.
Rosa Candolleana, p. 14.

R. spinosissima ex albo et carneo variegata.
Roess. Beschrei. 1, p. 238. *La Pimprenelle de Miss. Lawrance; la pimprenelle
aux cent écus.*

R. spinosissima flore marmoreo. And. R. fig.

η. *R. pimpinellifolia fl. multiplici.* Nouv. Duham.
l. c. Var. ζ. *La pimprenelle à fleurs doubles.*

On voit que j'ai compris dans une
seule série, le *Pimpinellifolia* et le *Spinosissima* que je considère comme des
variétés l'un de l'autre, ayant, très-souvent, trouvé, sur un même pied, les
deux caractères que les botanistes ont
employés pour les séparer.

6. ROSA REDUTEANA. Thory.

Rosa germinibus ovato-globosis, glabris hispidisve; pedunculis glanduloso-hirsutis; foliolis ellipticis, utrinque glabris, simpliciter serratis; petiolis subaculeatis; aculeis caulinis inæqualibus, subrectis numerosissimis; floribus geminatis ternatisve; laciniis calycinis corollam inapertam superantibus; fructibus subglobosis. Thy. R. Red. p. 3. Ann. Ency., janvier 1818, p. 35.

Cette espèce diffère de la précédente par ses aiguillons qui persistent sur les tiges adultes, ses pédoncules multiflores, et les divisions du limbe plus longues que la corolle avant l'épanouissement.

α. *R. Reduteana glauca.* **Thy.** *l. c.* **Red.** Roses 1, p. et fig. 101. Fleurs simples, blanchâtres, vergetées de points rouges au sommet. *Rosier Redouté à feuilles glauques.*

β. *R. Reduteana parvifolia.* Thy. *l. c. Rosier Re-douté à petites feuilles.*

γ. *R. Reduteana rubescens.* Thy. *l. c.* Red. R. *l. c.* p. et fig. 103. *Rosier Redouté à tiges et à épines rouges.*

.La variété α est très-commune dans les grandes collections. Les autres sont rares.

7. ROSA MYRIACANTHA. De Candolle.

R. calycum tubis globosis glabris, laciniis foliolisque glanduloso-pilosis, caule erecto, aculeis confertis rectis. DC. Synops. p. 331.

Idem, Fl. Franç. Éd. 3, n° 3698. Nouv. Duham. vol. 7, p. 21. Vulg. *le Rosier à mille épines.*

Cette espèce diffère des précédentes par ses aiguillons droits beaucoup plus longs et plus nombreux, mais sur-tout par ses folioles doublement dentées.

Découverte par M. De Candolle. Croît aux environs de Montpellier, de Lyon, sur les montagnes du Dauphiné et dans les Cévennes.

8. ROSA KAMSCHATICHA. VENTENAT.

R. germinibus pedunculisque glabris, caule aculeatissimo hirsuto, petiolis subinermibus, foliolis obovatis. VENT. Jardin de Cels, 67. REDOUTÉ R. p. et fig. 47.

R. Kamschatica. POIR. Ency. 6, p. 281. PERS. Syn. 6. NOUV. DUHAM. vol. 7, p. 21.

R. rugosa. THUMB. Jap. 213. WILLD. Sp. 2, 1070. POIRET, Ency. 6, p. 295. NOUV. DUHAM. *l. c.*

R. ferox. AND. R. avec la figure.

La fig. 2 du NOUV. DUH., tab. 10, n'est pas celle de cette espèce : c'est vraisemblablement une sous‑variété à aiguillons beaucoup plus courts et moins rapprochés. Je ne la connais pas.

Indigène du Kamschatcha. THUNBERG

paraît avoir trouvé la même plante au Japon.

Ce Rosier diffère du précédent par ses pédoncules multiflores, ses tiges velues, et ses folioles unidentées. *Le Rosier féroce; le Rosier du Kamtschatka.*

GROUPE VI.

HISPIDÆ.

Rosiers à tiges recouvertes, principalement sur les pousses de l'année, d'une multitude de poils droits, flexibles, courts, presque égaux, quelquefois entremêlés d'aiguillons rares et épars.

* *Tubes des calices et pédoncules très-hérissés de pointes glanduleuses. Rameaux uniflores.*

9. ROSA HISPIDA. POIRET.

R. germinibus globosis pedunculisque hispido-aculeatis, foliolis ovatis subtus albido-tomentosis, caule aculeis sparsis (setis minimis-intermixtis), floribus solitariis. POIRET, Ency. 6, p. 286, n° 15.

α. *R. hispida rosea.* THY.

R. hispida. POIRET *l. c. Rosier hispide à fleurs roses.*

β. *R. hispida argentea.* Thy. inédit. *Le Rosier hispide à fleurs argentées.* Semi-double.

γ. *R. hispida nitida.* Thy.

R. nitida. Pursh, Fl. Am. B. 1, p. 344. Willd. En. Plant. Ber. 1, p. 544. Nutt. North Am. 1, p. 308? *Le Rosier hispide à feuilles glabres.*

** *Tubes glabres. Pédoncules hispides ou glabres. Rameaux 2 ou 3 fleurs.*

10. ROSA CANDOLLEANA. Thory.

Rosa germinibus ovatis, glabris; pedunculis glabris hispidisve; caulibus ramulisque setis confertissimis minimis subæqualibus tectis; foliolis inæqualiter serratis; ramulis 2 — 3 fl. Thy. Rosa Cand. p. 6.

α. *R. Candolleana elegans.* Thy. *l. c.* p. 7. Red. R. 2, p. et fig. 45.

Rosier très-épineux à pétales blancs rayés de rouge en dehors. Du. P. Gym. Ros., p. 14. Spec. 4, n° 8. *Rosier De Candolle élégant.*

β. *R. Candolleana pendula.* Thy. *l. c.* p. 9. *La De Candolle à fruits pendants.*

γ. *R. Candolleana flavescens.* Thy. *l. c.* p. 10.

R. spinosissima. Du P. *l. c.* n° 18. Curt. Bot. Mag., Tab. 1570.

R. hispida. Poiret, Ency. Supp. au vol. 4, 2ᵉ part., p. 715. Non Poir., Ency. 6, p. 286.

Vulg. *la De Candolle à fleurs jaunes.*

Le *R. lutescens.* Pursch, Fl. Am. 2. p. 785, diffère de cette variété par ses pédoncules uniflores, et d'autres caractères.

GROUPE VII.

AMERICANENSES.

Rosiers à tiges munies d'aiguillons stipulaires droits et opposés ; à folioles simplement et finement dentées ; à stigmates réunis en une tête globuleuse au centre de la fleur.

Floraison tardive en France.

11. ROSA CAROLINIANA. Michaux.

R. pumila ; caule lævi ; aculeis stipularibus binis, acicularibus, patulis ; petiolis aculeatis ; foliolis ovalibus lanceolatisve ; fructibus globosis hispidulis. Michaux, fl. Bor. Am., vol. 1, p. 295.

R. Carolina. Bosc, Dict.

Dans cette espèce, les folioles sont un peu pubescentes en dessous.

α. R. Caroliniana Michauxiana. Thy.

R. Caroliniana. Mich[x]. *l. c.* Vulg. *la Caroline d'André Michaux.*

β. *R. Caroliniana* (*Carolina*) *corymbosa.* Red. R. 1, p. et fig. 81.

R. corymbosa. Erh., Beitr. 4, p. 21.

Vulg. *la Caroline en Corymbe.* Se cultive au Jardin-du-Roi.

12. ROSA LUCIDA. Willdenow.

R. germinibus depresso-globosis pedunculisque subhispidis; petiolis glabris subaculeatis; caule glabro aculeis stipularibus rectis; foliis oblongo-ellipticis, nitidis, glabris; floribus subgeminatis. Willd. Sp. 2, p. 1068, n° 10. Ehr., Beitr. 4, p. 11. Red., Roses 1 p. et fig. 45.

R. Carolina fragrans. Dill. Elth., 325. Tab. 245, fig. 316.

Diffère de la précédente par ses folioles luisantes, les divisions du limbe un peu pinnatifides, de la longueur des pétales. Vulg. *le Rosier luisant.*

13. ROSA PARVIFLORA. Willdenow.

R. germinibus depresso-globosis pedunculisque hispidis, petiolis pubescentibus subaculeatis, caule glabro aculeis
stipularibus rectis, foliolis ellipticis, floribus subgeminatis. Willd., Arb. 309.
Id., Sp. 1068. Ehrh., Beitr. 4, p. 21.
Poir., Ency. 6, p. 296. Bosc, Nouv.
Cours, vol. 11, p. 247. Nouv. Duham.,
vol. 7, p. 18. Nutt., North. Americ 1,
p. 308, spec. 2. Red., Roses 2, p. et
fig. 73. Non R. Parviflora And. R.

R. Carolina. Du R., Die Harbk. 2,
p. 355.

R. Pensylvanica. Vangenh., North-
Americ., p. 113.

R. Pensylvanica fl. pleno. And. R. avec
la figure.

R. humilis. March., Arbust. Americ.,
285.

R. virginica? Du R. *l. c.* 3, p. 253.

Vulg. *Rosier de Caroline; Rosier Caroline du Roi; Rosier de Virginie; de Pensylvanie; à petites fleurs, etc.*

Se rapproche du précédent dont il ne diffère que par le port et ses folioles plus petites, peu et même pas luisantes. Le R. Lyonii (PURSH., Fl. Am. 1, 345), me semble appartenir à cette espèce dont il ne diffère que par ses tubes moins chargés de poils glanduleux, et ses folioles plus allongées.

14. ROSA SETIGERA. MICHAUX.

R. ramis glabris gemino-aculeatis; foliis 3—5 foliatis; petiolo nervoque aculeatis; calycis globosi laciniis subpinnatim setigeris. MICH. *l. c.* p. 293. POIRET, Ency. 6, p. 295, n° 30. NUTT. *l. c.* n° 7.

ß. *Eadem, elatior, laciniis subtus puberulis, laciniis calycinis rarius pubigeris,* MICH[x]. *l. c.*

Cette espèce diffère de la précédente

par ses découpures dont les bords sont garnis de cils longs sétacés et nombreux dans la var. α, un peu moins dans la var. β. Du Pont la cultivait : je l'ai vue dans la collection du Luxembourg. Vulg. *le Rosier porte-soies*.

Tous les arbrisseaux de ce groupe croissent spontanément dans l'Amérique septentrionale. Le *R. gemella*, Willd., En. pl. Ber. 1 , p. 544, doit trouver sa place dans ce groupe.

γ. *Tiges munies d'aiguillons stipulaires crochus, géminés, parfois
verticillés.*

GROUPE VIII.

CINNAMOMEÆ.

Aiguillons stipulaires crochus, gémi-
nes, non opposés, quelquefois quater-
nés et verticillés. Bois rougeâtre; bractées larges; pétioles nus.

15. ROSA CINNAMOMEA. LINNÉ.

R. germinibus globosis pedunculisque
glabris ; foliolis simpliciter dentatis ;
caule aculeato; ramis erectis fusco-pur-
pureis, pruinosis; stigmatibus subsessilibus. THY. in RED., Roses 1, p. 133.

> * *Lobes du calice entiers; rameaux flori-
> fères sans aiguillons.*

α. R. cinnamomea fl. simplici. THY. *l. c.* p. 134.
RED. R., vol. 1, p. et fig. 133.

R. cinnamomea. Nouv. Duh., vol. 7, p. 14, var. α. Smith, Engl. Bot. Tab. 2388.

R. cinnamomea globosa. Desv., Journ. Bot. sept. 1813, p. 120, var. α.

R. odore cinnamomi simpl. C. B. Pin. 483, n° 7.

β. *R. cinnamomea fl. pleno.* Clus. Hist. 115, cum Tab. Nouv. Duham. *l. c.* var. β. Thy. *l. c.* var. β.

γ. *R. cinnamomea rubrifolia.* Thy. in Red., Roses *l. c.* var. γ.

R. rubrifolia. Willd.; Pers.; Vill.; Red., Roses, 1, p. et fig. 31.

R. cinnamomea oblonga. Desv. *l. c.* Var. δ.

δ. *R. cinnamomea glauca.* Desv. *l. c.* Var. ε.

** *Lobes du calice entiers, rameaux flori-*
fères aiguillonnés.

ε. *R. cinnamomea maïalis.* Rau, En. Ros., p. 53, var. α. Red., Roses, 1, p. et fig. 105.

R. cinnamomea. Linné, Sp. 703. DC. Fl. franç. Éd. 3, 3699.

R. maïalis. Herm. Diss. de Rosa, p. 8, n° 3. Desf., Atlant. 1, p. 400. Reg., Act. Soc.

Laus., p. 400, Tab. 4. Miss. Law., Tab. 34.
Roess. R., Tab. 8.

R. *fœcundissima*. Du Roi, Harbk. 2, p. 343.
Roth, Germ. 2, p. 557.

R. *Taurica*. Marsch., Fl. Taur. Cauc. 1, p.
394.

R. *cinnamomea maïalis nebulosa*. Du P., Gymn.
Ros., p. 15, 9e série, n° 2.

Vulg. *le Rosier de mai; le Rosier de
Pâques* ou *du Saint-Sacrement; la Rose
cannelle.*

ζ. R. *cinnamomea blanda*, Thy. *l. c.* Var. ζ.

R. *blanda*. Ait. Vulg. *la Rose de mai agréable.*

Les aiguillons dont les rameaux flori-
fères de cette variété sont armés, tombent
après la chûte des pétales. Fleurs simples
et blanches.

** *Lobes du calice découpés ; rameaux flo-
rifères aiguillonnés.*

η. R. *cinnamomea fluvialis*. Thy. *l. c.*

R. *fluvialis*. Retz, Prod. Scand. Éd. altera,
n° 619. Fl. Dan., Tab. 868.

Vulg. *la Rose de mai aquatique.* Croît

dans les lieux humides en Suède et en Danemarck.

Ces Rosiers se trouvent, pour la plupart, dans les contrées méridionales de l'Europe, et se cultivent dans presque tous les jardins.

δ. Peu ou point d'aiguillons sur les tiges.

GROUPE IX.

ALPINENSES.

Rosiers à rameaux lisses, à tiges quelquefois aiguillonnées, à folioles glabres doublement et profondément dentées; à stipules larges et dilatées.

16. ROSA ALPINA. Linné.

R. germinibus globosis ovatisve, pedunculisque glabris aut hispidis; foliolis glabris duplicato-serratis; laciniis calycinis integris; ramis ramulisque inermibus; fructibus sæpius pendulis. Thy. in Red., R. 2, p. 55.

* *Tubes globuleux.*

α. *R. alpina globosa.* Desv., Journ. Bot., septembre 1813, p. 119, var. 0.

R. *Pyrenaïca.* Gou., Ill. 31, T. 19. Willd., Sp. 1076.

R. *Alpina.* δ. DC., Fl. Fr. Éd. 3, vol. 6, p. 536.

Vulg. *Rosier des Alpes à fruits hérissés et globuleux ; Rosier des Pyrénées.*

β. R. *Alpina lœvis.* Desv. Red., R. vol. 1, p. et fig. 59.

γ. R. *Alpina fl. variegato.* Red. *l. c.* p. 55.

** *Tubes ovoïdes.*

δ. R. *Alpina vulgaris.* Desv. *l. c.* Var. α.

R. *Alpina.* L. Syst., p. 474, n° 15. Miss. Law.. Tab. 30. Jacq., Aust., Tab. 279. Poir., Ency. 6, p. 281, excl. Syn. β et γ. DC. *l. c.* n° 3712, excl. Syn. β. Dem., Essai, p. 7. Vulg. *Rosier des Alpes commun.*

ε. R. *Alpina pendulina.* Desv. *l. c.* p. 119, var. β. Red., R. *l. c.* p. et fig. 57.

R. *lagenaria.* Vill., Dauph., p. 553.

R. *pendulina.* Ait Kew. Éd. 1, vol. 2, p. 208. Vulg. *le Rosier à fruits pendants.*

ζ. R. *Alpina hircina.* Desv. *l. c.* Var. γ. Vulg. *Rosier des Alpes hérissé,* ou *à poils de bouc.*

η. R. *Alpina hispida.* Desv. *l. c.* Var. ι. Vulg.

Rosier des Alpes hispide. Se rapproche beaucoup de la var. δ.

θ. **R.** *Alpina debilis.* **Thy.** *l. c.* p. 56, var. θ. Vulg.
Rosier des Alpes à tiges débiles.

ι. **R.** *Alpina glabra.* **Desv.** *l. c.* var. ζ. Vulg. *Rosier
des Alpes glabre.*

κ. **R.** *Alpina coronata.* **Desv.** *l. c.* var. η.

R. *lagenaria.* **Vill.,** Dauph. 3, p. 553. **Willd.,**
Sp. 2, 1075.

R. *lagenaria pendula.* **Du P.,** Gym. Ros., p. 15,
série 7ᵉ, var. 2.

R. *Alpina.* Var. γ. **Poir.,** Ency. 6, p. 282,
var. β. **DC.** *l. c.* 3712. Vulg. *Rosier des Alpes
couronné,* ou bien *Rosier en bouteille; Rosier bouteille.*

On trouve tous ces arbrisseaux dans
les Alpes, les Vosges, les Pyrénées, les
Cévennes, au Mont-d'Or, etc.

GROUPE X.

HUDSONIANÆ.

Rosiers à tiges toujours sans aiguillons, à stipules bifides, roulées et non dilatées comme dans le groupe des Alpinæ.

17. ROSA HUDSONIANA. Thory.

R. germinibus globosis pedunculisque glabris; foliolis simpliciter serratis; petiolis villosulis subaculeatis; stipulis conduplicatis; laciniis calycinis integris corollam inapertam superantibus; caule inermi, floribus corymbosis. Thy. in Red., Roses 1 , p. 95.

a. R. Hudsoniana salicifolia. Thy. *l. c.* Red., R. p. et fig. 95.

R. corymbosa. Rosier de la baie d'Hudson. Di P., Gymn. Ros., p. 19.

R. carolina corymbosa. IDEM. *l. c.* série 19e,
var. 2.

Rosier dédié au célèbre voyageur
HUDSON, qui l'a rapporté de la baie qui
porte son nom.

PARAGRAPHE IIᴱ.

ESPÈCES RÉUNIES ARTIFICIELLEMENT D'APRÈS LES DIFFÉRENTES MODIFICATIONS DES FOLIOLES.

GROUPE XI.

VILLOSÆ.

Rosiers à folioles velues sur les deux faces et en leur bordure.

* *Tubes globuleux ou presque globuleux.*

† *Pédoncules hispides ainsi que les tubes.*

18. ROSA VILLOSA. Linné.

R. germinibus globosis ovatisve, pedunculisque glabris vel hispidis; foliolis utrinque margineque villosulis aut tomentosis, duplicato-dentatis; caule aculeis subrectis, basi subcompressis. Thy. in Red., R. p. 39.

α. *R. villosa vulgaris*. Rau, En. Ros., p. 151.

    R. villosa. L. Spec. 704. Willd., spec. 2, 1069. DC., Fl. franç. Éd. 3, n° 3700. Thuill.. Fl. de Paris. Éd. 2, p. 251. Mérat, Fl. de Paris, p. 190. Dem., Essai, p. 5.

    R. villosa sylvestris. Desv., Journ. Bot., septembre 1813, p. 117. Vulg. *le Rosier velu*. Commun dans les bois; mais la culture l'a dénaturé dans les jardins.

β. *R. villosa pomifera*. Desv. *l. c.* Var. γ.

    R. sylvestris pomifera. Dalech., Hist., p. 117. Icon. Lob. Icon. 2, p. 211.

    R. pomifera. Gm., Bad., p. 420. Engl., Bot. Tab. 583. Red., R. 1, p. et fig. 67. Vulg. *le Rosier pommifère*.

    Sous-variété à pétales crénelés.

γ. *R. villosa pomifera fl. multipl.* Miss., Law., T. 29.

δ. *R. villosa terebenthina*. Thy. *l. c.* p. 40, var. δ. Vulg. *Rosier velu à odeur de térébenthine.*

ε. *R. villosa Evratina*. Du P., Gymn. Ros., p. 14, sp. 5, n° 7.

R. Evratina. Bosc , Nouv. Cours. Vulg. *le Rosier d'Evrat*. Hybride du Villosa et de l'Alba.

†† *Tubes glabres et pédoncules hispides.*

19. ROSA MOLLISSIMA. Willdenow.

R. germinibus subglobosis, glabris, pedunculisque hispidis; caule petiolisque aculeatis, foliis tomentosis. Will., Prodrom. fl. Ber., n° 1237.

> *R. villosa* β. DC. *l. c.* Mer. Fl. de Paris, var. B. Nouv. Duham., vol. 7, p. 44, var. β.
> *R. villosa nuda*. Desv. *l. c.*, var. β.
> R. *dubia*. Wibel, Fl. Werth, p. 263 et Supp. 350.
> R. *villosa rotundifolia?* Bot. Cult.

> Ce Rosier diffère du précédent par ses folioles molles, comme drapées. Les arbrisseaux compris dans la synonymie ci-dessus, ne sont que des modifications du Mollissima.

β. *R. mollissima fl. submultiplici*. Thy. inédit. Red. R., vol. 2.

** *Tubes ovoïdes.*

† *Pédoncules hispides ainsi que les tubes.*

20. ROSA TOMENTOSA. Smith.

R. germinibus ovatis pedunculisque hispidis ; foliolis utrinque tomentosis duplicato-serratis ; fructibus oblongis. Thy.

α. *R. tomentosa vulgaris.* Thy.
>   *R. tomentosa.* Smith., Fl. Brit., 539. DC., Fl. Franç. Éd. 3., 3701. Red., R. p. et fig. 39.
>   *R. villosa* β. Huds., Fl. Ang., p. 219. Nouv. Duham. *l. c.*, var. γ.
>   *R. canina tomentosa.* Desv. *l. c.* p. 115, var. μ.
>   *R. villosa minuta.* Rau, En., p. 156, var. γ.

β. *R. tomentosa fl. multiplici.* Hortul.

Vulg. *le Rosier cotonneux.* Il diffère principalement des deux espèces précédentes par ses tubes ovoïdes, ses folioles plus petites, ses aiguillons plus robustes, et ses fruits ellipsoïdes. Se trouve dans les haies de la Faisanderie.

parc de Meudon, et sans doute ailleurs, aux environs de Paris.

†† *Pédoncules et tubes absolument glabres.*

21. ROSA FARINOSA. Rau.

R. calycis tubo oviformi pedunculisque superne glabris; foliolis ovalibus utrinque villosis mollissimis, duplicato serratis; petiolis tomentosis cauleque aculeatis; aculeis rectiusculis. Rau *l. c.* p. 147.

Vulg. *le Rosier farineux.*

22. ROSA CAUCASICA. Marschal de Bieberstein.

R. germinibus ovatis pedunculisque glabris; petiolis aculeatis, caule glabro, aculeis recurvis; foliolis duplicato-serratis, pubescentibus; floribus umbellatis. March., Fl. Taur. Cauc. 1, p. 400. *Le Rosier du mont Caucase.*

GROUPE XII.

COLLINÆ.

Rosiers à folioles simplement dentées, glabres en dessus, tomenteuses en dessous et sur leur bordure.

23. ROSA COLLINA. * Jacquin. ** De Candolle.

R. germinibus ovatis, glabris; pedunculis hispidis aut glabris; foliolis simpliciter dentatis, suprà glabris, nitidis, subtùs margineque pubescentibus; aculeis aduncis. Thy. in Red., R. 2, p. 13.

* *Pédoncules hérissés. Tubes glabres ou presque glabres.*

α. *R. collina vera.* Thy. in Red., R. 2, p. 14.
R. collina. Jacq., Aust. 2, Tab. 197. L., Syst. Éd. Murr., p. 474. Suth., Helv. 1, p. 304. Willd., Sp. 1078. Pers., Syn. 2, p. 50.

Poir., Ency. 6, p. 289. Smith, Engl. Bot.,
Tab. 1895. Nouv. Duham. vol. 7, p. 5o.
Rau, En., p. 163. Non DC. Vulg. *Rosier
des collines à pédoncules hérissés.*

β. *R. collina fastigiata.* Thy., *l. c.* p. 14.

R. *fastigiata.* Bast., Supp., p. 3o. DC. Fl.
Franç. Éd. 3, vol. 6, p. 535. Poiret, Ency.
Supp. au vol. 4, 2e part., p. 711.

R. *canina fastigiata.* Desv., Journ., sept. 1813,
p. 114, var. ε.

R. *collina.* Nouv. Duham. *l. c.*

R. *umbellata.* Libert, inéd., dans Lej. fl. de
Spa. 2, p. 313. Non Leyss., Hal. Éd. 1,
p. 435.

Cette variété se trouve dans l'Anjou, le
haut Poitou, dans les haies près de Mal-
medy, aux environs de Paris, etc.

γ. *R. collina pilosiuscula.* Thy. *l. c.*

R. *canina pilosiuscula.* Desv. *l. c.*

R. *collina.* Nouv. Duham. *l. c.*

** *Pédoncules glabres, ainsi que les
tubes des calices.*

δ. *R. collina glabra.* Thy. *l. c.*

R. *collina.* DC. Fl. Franç. Éd. 3, 3702. Excl.

syn. α et β. Merat, Fl. de Paris, p. 191 ,
exclusis synonymis. Nouv. Duham. *l. c.*
Non Jacq. Non Suth. Non Poir. et autres.

R. collina canina. Desv. *l. c.* var. δ.

ε. *R. collina decipiens.* Thy.

R. canina decipiens. Desv. *l. c.* var. υ.

R. collina. Nouv. Duham. *l. c.*

ζ. *R. collina dumetorum.* Thy. *l. c.* 2, p. 14 ,
var. ζ.

R. dumetorum. Thuill. , Fl. de Paris. Éd. 2 ;
p. 250. Le Jeune, Fl. de Spa 1, p. 331.
Lois., Fl. Gallica 1 , p. 297. Red., Roses 2,
p. et fig. 85.

R. canina. Var. δ. Poir., Ency. 6, p. 288.

R. canina. Var. γ. DC., Fl. Fr., vol. 6, p. 554.

R. canina. B. Bast. F. Maine-et-L., p. 189.

R. arvensis. Wibel , Fl. Werth. , p. 263.

R. collina. Wallr., Ann. Bot., p. 67. Excl.
Synon. plerisque.

R. platyphylla? Rau, En., p. 82.

Vulg. *le Rosier des collines ; le Rosier des
buissons.* Commun dans les bois des environs de Paris et ailleurs.

η. *R. collina mollis.* Thy. *l. c.*

R. canina mollis. Desv. *l. c.* var. o.

R. collina. Nouv. Duham. *l. c.*

θ. *R. collina microcarpa.* Thy. *l. c.*

R. canina microcarpa. Desv. *l. c.* var. ϱ.

R. collina. Nouv. Duham. *l. c.*

ı. *R. collina subvillosa.* Thy. *l. c.*

R. canina subvillosa. Desv. *l. c.* var. π.

ʑ. *R. collina leucantha.* Thy.

R. leucantha. Lois., Not., p. 82. Bast. Supp.,
p 32. DC., Fl. Franç. Éd. 3, vol. 6, p. 535.
Mérat, Fl. de Paris, p. 193. Red., Roses 1,
p. et fig. 129.

R. obtusifolia. Desv., Jour. Bot. 2, p. 137.

R. canina obtusifolia. Idem. *l. c.*, sept. 1813,
p. 115, var. τ.

** *Pédoncules et tubes hérissés.*

ı. *R. collina fœtida.* Thy.

R. fœtida. Bast., Supp. à la Fl. de M.-et-L.,
p. 29. DC., Fl. Fr. Éd. 3, vol. 6, p. 534.
Red., Roses 1, p. et fig. 131. Non *R. fœtida*,
Herm., Diss., p. 18. Non Allion, Fl. Ped.,
nᵒ 1792.

GROUPE XIII.

CENTIFOLIÆ.

Rosiers à folioles molles au toucher, doublement dentées, pubescentes en dessous, munies en leur bord de duvet entremêlé de glandes pédicellées ; à pétioles presque toujours sans aiguillons.

24. ROSA CENTIFOLIA. Linné.

R. calycibus semipinnatis, germinibus ovatis pedunculisque hispidis ; caule hispido aculeato ; petiolis glandulosis ; foliolis ovatis serratis, subtus pilosis. Du Roi Harbk., 2, p. 367.

** Tubes et pédoncules hérissés de poils courts et glanduleux.*

α. *R. centifolia flore simplici.* Thy. in Red. Roses, vol. 1, p. 77. Nouv. Duham. *l. c.* p. 35, var. 1. Mordant Delau. B. Jardinier. Red., R., vol. 1, p. et fig. 77.

R. centifolia simplex, (*la Louise*). Du P., Gym. Ros., p. 7, série 18, n° 1.

β. *R. centifolia flore semi-pleno*. Nouv. Duham. *l. c.* var. 2.

γ. *R. centifolia flore multiplici.*

R. centifolia. L. Sp. 1, p. 704. Mill., Dict., n° 14. Willd., Arb. 315. Idem, Sp. 1071. DC., Fl. Franç. Éd. 3, n° 3074. Poiret, Ency. 6, p. 276, n° 2, excl., var. plerisque. Rau, En. Ros. p. 109. Roess., R., fig. n° 1. Red., R., vol. 1, p. et fig. 25, etc.

δ. *R. centifolia maxima*. Ait. Kew. Éd. 1, p. 201, var. α. Miss Law., Tab. 8. Poiret *l. c.* p. 276, var. β. Vulg. *la Rose de Hollande; la Rose des peintres; de Nancy*, etc.

ε. *R. centifolia minor*. Bot. Cult. Éd. 2, var. 5. Delau. Bon Jard., 1813. Roess., fig. n° 20. Vulg. *gros pompon; Rosier de Bordeaux.*

ζ *R. centifolia carnea*. Nouv. Duham *l. c.* p. 35, var. 7. Bot. Cultiv., n° 21, var. 8. Mordant Delau *l. c.* p. 775. Red., Roses, vol. 1, p. et fig. 79. Vulg. *la cent-feuilles Vilmorin.*

η *R. centifolia variegata*. Nouv. Duham. *l. c.* var. 9 et 10. Ait., Kew. Éd. 2, var. ρ. Miss Law., Tab. 79. Vulg. *la cent-feuilles à fleurs panachées.*

θ. *R. centifolia mutabilis.* PERS., Syn., 2, p. 48.
RED., R., p. et fig. 111.

R. provincialis alba. AND., R., fig.

R. centifolia unica. Bot. Cult. *l. c.*

R. centifolia nivea. NOUV. DUHAM. *l. c.* var. 8.
Vulg. *la Rose unique.*

ι. *R. centifolia Anglica rubra.* PARK., Parad.

R. centifolia chremesina? NOUV. DUHAM. *l. c.*
var. 11. Vulg. *le Rosier de Cumberland.* On
le nomme encore *la cent feuilles vierge.*

κ. *R. centifolia putidula.* THY. in RED., R., 1, p. 78.

R. centifolia ingrata. NOUV. DUHAM. *l. c.* var.
15. Vulg. *le rire de niais* DU PONT.; *la
cent-feuilles à odeur de punaise.*

λ. *R. centifolia grandi-dentata.* THY. *l. c.* 1, p.
78. *Le Rosier à feuilles de chéne.*

μ. *R. centifolia crenata.* RED., R. 2, p. et fig. 65.

R. Belgica. POIR. *l. c.* var. δ. *La cent-feuilles
crénelée,* ou *la Rose crénelée,* BOSC., NOUV.
Cours, vol. 11, p. 254.

ν. *R. centifolia bipinnata.* PERS. *l. c.* RED., R. 2,
p. et fig. 11.

R. Belgica. POIR. *l. c.* var. ε. Vulg. *le Rosier
cent-feuilles à feuilles de persil,* de céleri, de
groseiller,* etc.

ξ. *R. centifolia bullata.* THY. *l. c.* p. 37. NOUV.

Duham. *l. c.* Mordant Delau. *l. c.* p. 774.
Red., Roses, p. et fig. 37. Vulg. *le Rosier
à feuilles bullées.*

6. *R. centifolia foliacea.* Bosc., *l. c.* Red., R.,
vol. 2, p. et fig. 59. Vulg. *la cent-feuilles fo-
liacée.*

π. *R. centifolia Junonis.* Nouv. Duham. *l. c.* var.
16. Vulg. *la cent-feuilles Junon.*

ρ. *R. centifolia anemonoïdes.* Thy. *l. c.* 1, p. 98.
Vulg. *la cent-feuilles anémone.*

ς. *R. centifolia apetala.* Nouv. Duham. *l. c.* var.
19. Vulg. *la cent-feuilles sans pétales; la
Rose sans pétales.*

τ. *R. centifolia caryophyllea.* Poir. *l. c.* var. η.
Pers. *l. c.* Red., R. 1, p. et fig. 113. Vulg.
la cent-feuilles œillet; la Rose guenille.

R. centifolia unguiculata. Mord. Delau. *l. c.*

υ. *R. centifolia prolifera.* Nouv. Duham. *l. c.* var.
17. Mord. Delau. *l. c.* Vulg. *la Rose prolifère; la cent-feuilles prolifère.*

φ. *R. centifolia perpetua.* Thy. inédit. Fleurit l'hi-
ver, sous la neige. Communiquée par M. le
Manceau Deschaleris, qui la cultive dans
le jardin de son domaine de Beaupréau près
d'Alençon. Vulg. *la Rose Deschaleris.*

** *Tubes des calices et pédoncules cou-
verts de longs poils semblables à de
la mousse.*

25. ROSA MUSCOSA. Aiton.

R. germinibus ovatis; calycibus, pedunculis, petiolis ramulisque hispidis
glanduloso-villosis; spinis ramorum sparsis, rectis. Ait. Kew. Éd. 1, 2, p. 207.
Willd., Arb. 318. Idem, Sp. p. 1074.

α. *R. muscosa flore simplici.* And., R. fig. Red.,
R. 1, p. et fig. 39. Vulg. *la mousseuse
simple à fleurs roses.*

β. *R. muscosa fl. multiplici.* Du R. Harb. 2,
p. 368. Curt. Bot. Mag. n° 69. Red., R., p.
fig. 41; Roess., p. et Tab. 6. *La mousseuse
double.*

*R. rubra, plena, spinosissima, pedunculo mus-
coso.* Mill., Icon 148, Tab. 221, fig. 1.

R. Provincialis. Hort. Angl. 66, Tab. 18.

R. muscosa Provincialis. Miss Law. Tab. 14.
And., R. cum fig.

R. centifolia muscosa magna. Nouv. Duham.
l. c. p. 35, var. A.

δ. *R. muscosa variegata.* And., R.

γ. *R. muscosa alba.* Red., R. vol. 1, pag. et
fig. 87.

Vulg. *le Rosier mousseux blanc.*

GROUPE XIV.

POMPONIANÆ.

Rosiers à folioles simplement dentées, pubescentes en dessous, ciliées-glanduleuses en leur bord, à pétioles rarement aiguillonnés.

26. ROSA POMPONIA. DE CANDOLLE.

R. germinibus subovatis, pedunculis petiolisque glanduloso-hispidis; caule aculeis subrectis; foliolis ovatis, rugosis, subtus pubescentibus; floribus subgemellis. THY., in RED. R. 1, p. et fig. 65.

α. *R. pomponia fl. subsimplici.* THY. *l. c.* 2, p. 57.
   RED., Roses, *ibid. Le pompon à fl. simples.*
β. *R. pomponia burgundiaca.* THY. *l. c.* p. 58.
   R. pomponia. DC., Fl. Franç. Éd. 3, p. 3707.
   RED., R. 1, p. et fig. 65.
   R. Provincialis. AIT., Kew. Éd. 1, vol. 2, p. 204.
   R. Gallica ε. POIR., Ency. 6, p. 278.

R. Burgundiaca. PERS., Syn. 18.

R. centifolia pomponia. Bot. Cult. Éd. 2, var.
10. NOUV. DUHAM., vol. 7, p. 37.

  An parviflora? VILLD., Spec. 2, 1078. Ehrh.
Betrei. 6, p. 97.

  An R. nana? NOUV. DUHAM. *l. c.* p. et
n° 38.

  Vulg. *le Rosier pompon ; le pompon de
Bourgogne ; le Rosier de Dijon* ou *de Bourgogne.*

γ. *R. pomponia bicolor*. THY. *l. c.* p. 58, var. γ.

δ. *R. pomponia variegata*. THY., *l. c.* Vulg. *le
pompon panaché.*

ε. *R. pomponia foliacea*. THY. *l. c.* Vulg. *la mignonne charmante.*

λ. *R. pomponia Remensis*. THY., *ibid.*

  R. Remensis. DESF., Cat., 175. DC., Fl. Franc.,
Éd. 3, 1708.

  R. Burgundiaca. ROESSIG, R., Tab. 4.

  R. Burgundiaca, var. *Provincialis*. PERS., Syn.
2, p. 27.

  Vulg. *Rosier de Reims ; pompon de
Reims; Rosier de Meaux; Pompon rouge;* etc.

GROUPE XV.

SEMPERFLORENTES.

Rosiers à folioles simplement dentées, glabres en dessus, pubescentes en dessous; velues et non glanduleuses en leur bordure; à tubes variables.

* *Tubes renflés au milieu, amincis aux deux extrémités.*

27. ROSA DAMASCENA. Aiton.

R. calycibus semi-pinnatis, germinibus ovatis, turgidis, pedunculisque hispidis; caule petiolisque aculeatis; foliolis ovatis acuminatis subtus villosis. Air. Kew. Éd. 1, vol. 2, p. 205, n° 14.

v. *R. damascena subalba fl. simplici.* Red., R. 1, p. et fig. 63. *Le Rosier de Damas à fleurs presque blanches.*

R. damascena. Du R., Harb. 2, p. 369

R. alba damascena. Poir., Ency. 6, p. 291.

R. damascena alba? Roess., Beschrei. 1, p. 84.

R. nivea simpl. Hortul. *Rose Henriette.* Du P.

β. *R. damascena Celsiana.* Red., R. 2, p. et fig 53.

R. bifera magna. Du P., Gym. Ros., p. 16, série 19, var. 12.

R. bifera coronata. Nouv. Duham., vol. 7, p. 33, var. 4. *La Rose de Cels; l'abondante; la couronnée.* Sous-variété, dite, *La petite couronnée.*

γ. *R. damascena perpetua.* Du P. *l. c.* sp. 8. *La quatre-saisons continue ; la Palmyre.*

δ. *R. damascena coccinea.* Thy. in Red., R., p. 110, var. δ. Red., Roses, vol. 1, p. et fig. 109.

R. Gallica Portlandica. Bosc, Nouv. Cours 11, p. 252.

R. bifera Portlandica. Bot. Cultiv. Nouv. Duham. *l. c.* Var. 5. *Le Rosier de Portland.*

ε. *R. damascena aurora.* Thy. in Red., R. *l. c.* var. ε. Red., Roses 2, p. et fig. 41.

R. alba aurora. Nouv. Duham. *l. c.* var. 5.

R. centifolia, var. 4. Bosc *l. c. La belle aurore; la belle aurore Poniatowska.*

ζ. *R. damascena carnea.* Roess, Beschrei. 1, p. 84.

R. calendarum carnea. Idem *l. c.* var. 7.

R. damascena. Ait., Kew. Éd. 1, vol. 2, p. 205, var. ζ. Miss Law., Tab. 84.

R. centifolia Belgica. **Poir.**, Ency. 6, var. γ. Vulg. *la Rose de Belgique; la Belgique incarnate; la quatre saisons couleur de chair.*

η. *R. damascena corymbosa.* **Thy.** *l. c.* p. 110, var. η.

R. bifera corymbosa. **Nouv. Duham.** *l. c.* var. g. Vulg. *le damas en corymbe; le damas à feuilles panachées.*

θ. *R. damascena Italica.* **Thy.** *l. c.* var. θ.

R. bifera Italica. **Du P.** *l. c.* spec. 7. *La quatre saisons d'Italie.*

ι. *R. damascena Felicitas.* **Thy.** *l. c.* var. ι.

R. bifera Felicitas. **Du P.** *l. c.* spec. 6. *La Félicité; la quatre saisons Félicité.*

κ. *R. damascena variegata.* **And.**, **R.**, fig. Miss Law. Tab. 10. **Red.**, R. 1, p. 237.

R. calendaria variegata. **Roess.** *l. c.* p. 131.

R. bifera alba et rosea. **Nouv. Duham.** *l. c.* var. 6. *La quatre saisons d'Yorck et Lancastre; le Rosier d'Yorck et Lancastre.*

Les Roses dites *l'amitié, la Méréville, la Varin* de **Du P.**, *l'hortensia* ou *l'aimable rouge, l'ornement de la nature et autres* des Catalogues de Hollande, se rapportent au *damascena.*

** *Tubes infundibuliformes.*

28. ROSA BIFERA. Du Pont.

R. germinibus infundibuliformibus , pedunculisque hirsuto-glandulosis; foliolis margine pubescentibus glandulosis; caule aculeis sparsis recurvis; floribus 3—4 subcorymbosis. Thy. in Red., Roses 1, p. 108.

† *Fleurs en corymbe redressé.*

ɛ. *R. bifera vulgaris.* Thy. *l. c.*

    R. bifera semperflorens Nouv. Duham., *l. c.* var. 1.

    R. calendarum corymbosa. Roess. 1, p. 132.

    R. menstrua. And., R. fig. *Rosier des quatre saisons; le bouquet tout fait; le Rosier de tous les mois; de deux fois l'an,* etc.

β. *R. bifera aurantia.* Charp., semis de Ros., p. 1, n° 1. *La Rose Semonville; la quatre saisons Semonville; la Rose cuivrée, c'est un hybride.*

γ. *R. bifera macrocarpa.* Thy. inéd. *Le Rosier des quatre saisons de* Lieur; il a quelque rapport avec *la gracieuse des jardiniers.*

5. *R. bifera alba.* Du P, *l. c.* var. 4. Red., Roses
1, p. et fig. 121.

R. bifera candida. Nouv. Duham. *l. c.* p. 33,
var. 2.

R. damascena var. ε. Ait. *l. c.* p. 205. Vulg.
la quatre-saisons à fl. blanches.

†† *Fleurs en panicule lâche.*

6. *R. bifera officinalis.* Du P. *l. c.* var. 2. Red.,
R. 1, p. et fig. 107.

R. bifera myropolarum. Nouv. Duham. *l. c.*
var. 3. Vulg. *Rosier de Puteaux; la quatre-
saisons de Puteaux,* ou *des parfumeurs.*

GROUPE XVI.

GALLICÆ.

Rosiers à folioles fermes, comme cassantes, doublement et finement dentées, glabres en dessus, velues en dessous, parfois glanduleuses en leur bordure.

29. ROSA GALLICA. Linné.

R. germinibus globosis ovatisve, pedunculisque hirsuto-glandulosis; foliolis ovato-oblongis, duris, argute et iterum serratis, subtus pubescentibus; laciniis calycinis alterne pinnatifidis, rarius integerrimis; aculeis ramorum sparsis subreflexis. Thy. in Red., R., vol. 1, p. 74.

R. Gallica. L. *sp. pl.* 1, 704. Poiret, Encycl. 6, p. 277, *exclus. var.* ε et γ. Nouv. Duham. vol. 7, p. 41.

R. Provincialis. Aɪᴛ., Kew. 2, p. 204. Wɪʟᴅ. sp. 2, p. 1070. Bosc, Nouv. Cours, vol. 11, p. 250.

R. Pumila. Aɪᴛ. *l. c.* p. 206.

R. Belgica. Mɪʟʟᴇʀ, Dict. n° 17.

α. *R. Gallica simplex, floribus roseis.*

R. Provincialis simplex. Aɴᴅ., Roses fig. *Le provins à fl. simples,* ou *le Rosier de France.*

β. *R. Gallica semi-plena.* R. de sem. gagnés par Cʜᴀʀᴘᴇɴᴛɪᴇʀ, etc., p. 2. Vulg. *la Rose de* Louɪs Noɪsᴇᴛᴛᴇ, qu'il ne faut pas con-fondre avec celle de Pʜ. Noɪsᴇᴛᴛᴇ.

R. Provincialis Blanda ? Aɴᴅ. *l. c. (Fl. roseis.)*

γ. *R. Gallica nitida.* Tʜʏ. *l. c.* var. γ.

δ. *R. Gallica poma granati.* Tʜʏ. *l. c.* Vulg. *la pomme de grenade.*

ε. *R. Gallica Regalis.* Nouv. Duʜᴀᴍ., vol. 7, p. 42, v. 9. Rᴇᴅ., R., vol. 2, p. et fig. 19.

R. Provincialis Regalis. Aɴᴅ., Roses, fig. *Le Rosier hortensia; la grandeur Royale; le grand monarque; la Rose chou.*

ζ. *R. Gallica Burbonia.* Tʜʏ. *l. c.*

R. Burbonia. Roᴇssɪɢ., *Beschrei. der Ros.* 2, p. 28, n° 12.

R. formosa. Iᴅᴇᴍ, Roses, fig. n° 50.

Rose Bourbon; Guᴇʀʀᴀᴘɪɴ, Alm. des Roses,

1811, p. 55. On l'appelle encore vul-
gairement *Rose pivoine*.

R. Gallica papaverina. Thy. *l. c.*

R. papaverina. Moench, *En. plant. Hæss.*, § 1,
p. 123.

R. papaverina major. Roess., Roses, fig. n° 31.
Le gros pavot. La sous-variété dite *petite
pivoine* ressemble à celle-ci, mais elle est
d'un rose plus tendre.

R. Gallica mirabilis. Nouv. Duham. *l. c.* p. 42,
v. 10.

R. Provincialis duplex. R. Prov. multiplex.
Andr., R. fig.

R. Gallica superbissima. Roess., R. fig. n° 45.
Fleurs d'un rose plus foncé que les précédentes. *Le provins admirable.*

R. Gallica argentea. Nouv. Duham. *l. c.* p. 42,
v. 13. Très-double, presque blanche sur
les bords, et de couleur de chair au centre.

R. Provincialis alba. Roess., *Beschrei.* 2, p. 42.
Le provins argenté.

R. Gallica multiflora. Nouv. Duham. *l. c.* p. 42,
v. 12.

R. Gallica polyanthos. Roess., R. fig. n° 35.
Le provins multiflore.

Il faut rapporter aux dix variétés ci-dessus une partie des Roses dites de *Saint-François, l'aimable rouge, le carmin bril-lant, le lustre d'église, le manteau pour-pre,* etc.

λ. *R. Gallica cerasi coloris.* Nouv. Duham. *l. c.* p. 42, v. 7. *Le provins cerise.*

μ. *R. Gallica terminalis.* Nouv. Duham. *l. c.* p. 43, v. 17.

R. Belgica pyramidalis. Roess., *Beschrei.* 1, p. 67.

R. Provincialis capitata ? Ibid., p. 58. *La ter-minale.*

ν. *R. Gallica Maheka (flore subsimplici).* Thy. *l. c.* p. 75.

R. holosericea. Roess., *Beschrei.* 1, p. 196 : *ejusd.* R. fig. n° 16. *La Maheck à fleurs simples; à fleurs semi-doubles.*

ξ. *R. Gallica Maheka (flore multiplici).* Nouv. Duham. *l. c.* p. 43, v. 16.

R. mutabilis. Bot. cultiv. Connue sous les noms de *Rose Maheck, Rose du sérail, Rose sul-tane.*

ο. *R. Gallica mater-familias.* Nouv. Duham. *l. c.* p. 43, v. 14.

R. Provincialis prolifera. Roess., *Beschrei* 1, p. 58. Miss Law. Tab. 43. *La mère Gigogne; le provins prolifère.*

π. *R. Gallica debilis.* Charp. *l. c.* p. 3. Nouv. Duham. *l. c.* p. 43. *Le provins délicat.*

ρ. *R. Gallica Pontiana.* Thy. *l. c. La rouge formidable.* Dédiée à du Pont.

ς. *R. Gallica purpurea fl. simplici.* Thy. *l. c.*

R. sanguineo-purpurea simplex. Roess., R. fig. nº 36. *Le provins pourpre à fleurs simples.*

τ. *R. Gallica officinalis.* Andr., Roses fig. Red., R., vol. 1, p. et fig. 73.

R. Gallica maxima. Roess., R. fig. nº 46. *Le grand Rosier de Provins.*

υ. *R. Gallica ranunculus.* Thy. *l. c.*

R. Gallica sanguineo-purpurea ranunculformis. Roess., R. fig. nº 36. *Le provins renoncule.* Du Pont.

φ. *R. Gallica aquila nigra.* Du Pont *l. c.* Nouv. Duham. *l. c.* p. 43, v. 18. Vulg. *l'aigle brun presque simple.*

χ. *R. Gallica plena subnigra.* Du Pont.

R. Gallica atro-purpurea. Nouv. Duham. *l. c.* p. 42, v. 8.

R. holosericea regalis. Roess., R. fig. nº 49. *La pourpre noire.*

Les cultivateurs rapportent à ces trois dernières variétés un grand nombre de sous-variétés parmi lesquelles on doit distinguer : *la très-sombre, la belle Flore, la noire cou-*

ronnée, la pourpre ardoisée, la négresse ou perle de Veisseuslein, le cramoisi brillant, la négrette et la nigritienne.

ψ. *R. Gallica episcopalis.* Roess., *Beschrei.* 2, p. 44.

R. Gallica purpureo-violacea magna. Nouv. Duham. *l. c.* p. 41, n° 3. Red., R. 2, p. et fig. 17.

R. cardinalis ? Miss Lawr. 59. *La Rose évêque; la bishops; la pourpre belle violette,* etc.

ω. *R. Gallica purpurea velutina.* Nouv. Duham. *l. c.* p. 41, v. 6.

R. violacea purpurea nigricans holosericea plena. Roess., R. fig. n° 22. *Ejusd. Beschrei.,* p. 94 — 95. *La belle - veloutée pourpre; la noire de Hollande.*

χ.α.. *R. Gallica atro - purpurea velutina.* Nouv. Duham. *l. c.* p. 41, v. 5.

R. sanguinea. Roess., R. fig. n° 28. *La Rose noire, la Rose presque noire, la Rose Pluton* de Miss Lawr. Tab. 39. Falso, *R. centifolia,* v. ξ. Ait. Éd. 2.

Du Pont a rapporté à ces trois dernières variétés, entre autres sous-variétés, *le velours-pourpre, le velours noir, la belle violette foncée, la violette prolifère, la noire couronnée, la superbe en brun, le pourpre charmant.*

33. *R. Gallica versicolor. L. spec.* 704, v. β. Red., R., vol. 1, p. et fig. 135.

R. holosericea. Lob. 2, *ic.* 207.

R. prænestina, var. plena. Mill. dict. Tab. 221, fig. 2.

R. Belgica carnea rubro-striata. Roess., *Beschrei.* 1, p. 66.

R. Gallica variegata, vel Rosa mundi. And., Roses fig. *La Rosemonde; la Rose de Provins œuillet; le provins panaché.* Cette variété croît naturellement près des frontières d'Espagne d'où elle m'a été rapportée par M. De Mangourit.

34. *R. Gallica Meleagris.* Nouv. Duham. *l. c.* p. 41, v. 2. *La Rose pintade.* Elle est rose, ponctuée de blanc.

35. *R. Gallica marmorea.* Roess., *Beschrei.* 2, p. 55. *Ejusd. R.* fig. n° 26. — *Marbled Rose.* Miss Lawr. Tab. 57.

R. Gallica fl. marmoreo. Andr., R. fig. (*French red rose*). *Le provins marbré.*

36. *R. Gallica basilica.* Roess., *Beschrei.* 1, p. 184. Vulg. *la Rose basilic.*

37. *R. Gallica cærulea.* Thy. *l. c.* p. 76, v. 35. Son feuillage paraît bleuâtre selon les

incidences des rayons du soleil. *Le provins bleu.*

R. *Gallica pumila.* THY. *l. c.* var. ζζ. RED., R. 2, p. et fig. 63.

R. *pumila.* AIT., Kew. 2, p. 206. *L. filius* suppl. 262. JACQ. AUTR. 2, p. 59, Tab. 198. WILLD. 1, p. 1071, n° 14, v. β. POIRET, Ency. 6, p. 278, n° 3, var. δ.

R. *provincialis nana. R. provincialis hybrida.* ANDR., R. fig. *Le Rosier nain, le Rosier d'amour, le petit provins de* DU P. (*Fleurs simples.*)

R. *pygmæa?* MARSCH., Fl. Taur. Cauc. 1, p. 397.

R. *arvina.* KROCK., Sil. 2, p. 150. RAU, En. p. 116.

On doit rapporter à ces dernières variétés tous les *petits Saint-François* et les sous-variétés indiquées dans l'Almanach des Roses de GUERRAPAIN, p. 27, sous les noms de *superbe renommée, violet agréable, le petit serment, rouge favorite, la mignonne cendrée,* et *la pucelle.*

40. R. *Gallica Agatha.* NOUV. DUHAM. *l. c.* p. 43, v. 15.

Les Roses dites *Provins-Agathe,* sont très-doubles, serrées, comme aplaties,

d'une couleur de rose-clair, à pétales rou-
lés et chiffonnés au centre. On les considère
comme des hybrides, auxquels il faut rapporter les variétés jardinières suivantes :
l'Agathe royale; *l'Agathe carnée*; *l'Agathe
prolifère*; *la précieuse*; *la bien-aimée*;
l'Agathe de Francfort; *la Marie-Louise*;
l'Agathe portugaise; *l'Agathe Augustine*,
avec et sans aiguillons; *la belle sans flat-
terie*, et autres.

Les catalogues de Hollande comprennent
les noms de plus de cinq cents variétés ou
sous-variétés du Gallica.

GROUPE XVII.

ALBÆ.

Rosiers à folioles ovales, simplement dentées, pubescentes en dessous; à tubes brusquement arrondis à la base.

3o. ROSA ALBA. Linné.

R. germinibus ovatis glabris aut sub-hispidis, caule petiolisque aculeatis, foliolis ovatis, subtus villosis. Pers., syn. 2, p. 49. L. spec. 705. Poiret, Ency. 6, p. 291. Excl. var. γ. DC. Fl. fr. n° 3717. R. usitatissima. Gat., Fl. Mont. 94.

α. *R. alba flore simplici.* Poiret *l. c.* Andr., R. fig. *Rosier blanc des haies.*

β. *R. alba humilis.* Roess., *Beschrei.* 1, p. 41. *R. geminata.* Rau, En., p. 98 et 169. Red. R. 2, p. et fig. 33. *Le Rosier blanc à tiges couchées.* (M. Rau me conteste cette réunion.)

γ. *R. alba Fl. Pleno.* Touan., Inst. 637. Blacv.,

herb. Tab. 73. Miss LAWR. Tab. 25. ROESSIG, Roses fig. n° 15 et n° 34. POIRET *l. c.* v. β. DC. *l. c.* v. β. RED., Roses 1, p. et fig. 117. *La blanche double.*

ϑ. *R. alba celestis.* DU P. *Le Rosier blanc nuancé de bleu.* C'est une illusion produite par l'effet du soleil.

ι. *R. alba regalis.* NOUV. DUHAM., vol. 7, p. 30, v. 3. Miss LAWR. Tab. 32. RED., R. 1, p. et fig. 97. *La royale; la virginale; la grosse cuisse de nymphe.* Il faut joindre à celles-ci *la royale dorée.* de DU PONT.

ζ. *R. alba incarnata.* PERS. *l. c.* var. β. *La cuisse de nymphe.* Quand sa couleur prend une teinte plus foncée, les jardiniers la nomment *cuisse de nymphe émue.*

R. carnea. Bot. cultiv.

η. *R. alba corymbosa.* NOUV. DUHAM. *l. c.* p. 31, var. 6. *La blanche en Corymbe.*

R. alba interiùs luridè flavescens. ROESS., *Beschrei. der Ros.* 1, p. 41. *La blanche à cœur jaune ou à cœur vert.*

θ. *R. alba carnea plena.* CHARPENTIER, Rosiers de semis, etc., p. 1. *La belle Élisa.*

ι. *R. alba rosea.* NOUV. DUHAM. *l. c.* var. 7.

R. alba regiæ. DU PONT.

R. alba flore interiùs rubente. Roess., *Beschrei.
der Ros.* 1, p. 41. *La beauté tendre; l'Élisa.*

ϰ. *R. alba cymbæfolia.* Thy. in Red., R. 1, p. 98,
var. ϰ. Red., R. 2, p. et fig. 47.

R. alba cannabina. Nouv. Duham. *l. c.* var. 7.
Le Rosier blanc à feuilles de chanvre.

λ. *R. alba inermis.* Du Pont. *Le Rosier blanc sans
épines ; le Rosier à cœur vert.*

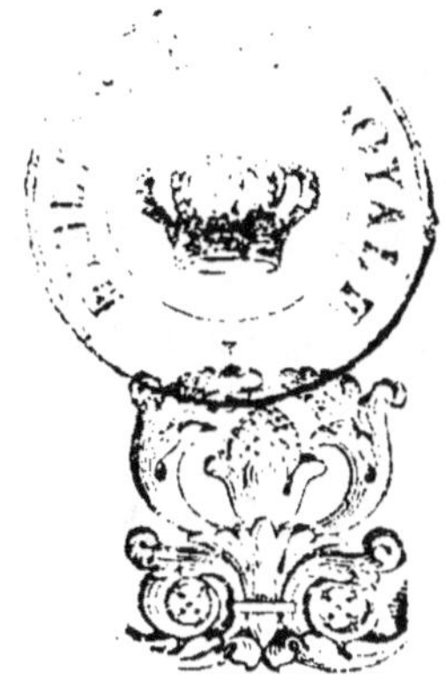

GROUPE XVIII.

MONTANÆ.

Rosiers à folioles serraturées, glabres sur les deux faces, seulement glanduleuses en leur bord.

* *Tubes des calices hispides, ainsi que les pédoncules.*

31. ROSA MONTANA. Villars.

R. germinibus oblongis pedunculisque hispidis, petiolis aculeatis, caule aculeis stipularibus uncinatis, foliolis glabris obovatis, glanduloso - serratis. Willd., Sp. 2, 1076. Vill., Dauph. 3, 547. Nouv. Duham., vol. 7, p. 48, n° 37, var. γ, aliis, synonymisque, exclusis.

32. ROSA TRACHYPHYLLA. Rau.

R. calycis tubo oviformi, basi pedunculisque glanduloso - hispidis; foliolis
ovatis, utrinque glaberrimis rigidis, nitidis, subtus ad venas minute glandulosis, subtriplicato - serratis (serraturis
glandulosis), caule petiolisque pubescentibus aculeatis. Rau, En., p. 124.

R. psillophyla. Ejusdem *l. c.* p. 101.
*Le Rosier des montagnes à feuilles
courtes; le Rosier des montagnes à
feuilles minces.* Ce Rosier croît en Allemagne.

** *Tubes glabres ainsi que les pédoncules.*

33. ROSA EGLANTERIA. Linné.

R. germinibus depresso-globosis pedunculisque glabris, caule aculeis sparsis, rectis, petiolis scabris, foliolis acutis.
L. Sp. plant. 703.

5.

α. *R. eglanteria lutea*. Du Roi, Harb. 2, p. 347.

R. lutea. Ait., Kew. 2, p. 200. Willd, Arb. 303. Id., spec. 1064. Miller, Dict., n° 11. Du R. *l. c.* p. 344. Poir., Ency. 6, p. 289, n° 20. Curt., Bot. Mag. Tab. 363. Nouv. Duham. *l. c.* Tab. 14, fig. 1.

R. eglanteria. Scholl., Barb., n° 399. Moench., Hass., n° 418. Leyss., Hall., n° 489, etc. Red., Roses 1, p. et fig. 69.

R. lutea simplex. C. Bauh., Pin. 483. Besl., Eyst. Tab. 5, fig. 1.

R. fœtida. All., Ped., n° 1792. Non Bast. Non DC.

R. Cerea. Roess. Tab. 2. *L'églantier jaune*.

β. R. eglanteria luteola. Thy. inédit. *L'églantier serin*. Arbrisseau moins grand que le précédent dans toutes ses parties.

γ. R. eglanteria punicea. Du R. *l. c.* Corn. Canad. 11. Roess. Tab. 5. Red., R. 1, p. et fig. 71.

R. lutea β. Ait. *l. c.* —var. β. Willd. *l. c.* —β. Poiret *l. c.* —β. DC. Catal. Monspel, p. 55.

R. eglanteria β. DC., Fl. Franc. Éd. 3, 3694. — var. β. Nouv. Duham. *l. c.* p. 45. *L'églantier ponceau; la Rose capucine; la Rose d'Autriche.*

La Rose tulipe de Du P. (*R. eglanteria tulipa*. Gymn., R., p. 15) est une sous-variété de ce Rosier.

Ces Rosiers croissent spontanément en France, en Angleterre, en Allemagne, en Italie et en Espagne.

34. ROSA BISERRATA. Mérat.

R. germinibus globosis pedunculisque glabris; foliolis glabris, glanduloso-serratis; laciniis calycinis subintegris; caule aculeis sparsis. Thy.

R. biserrata. Mérat, Fl. de Paris, p. 190. Ce savant l'a trouvé sur le Mont-Valérien, le long des murs du Calvaire.

R. canina biserrata. Nouv. Duham.

R. sepium η. Desv., Journ. Bot. 1813, p. 117.

35. ROSA MALMUNDARIENSIS.
Le Jeune.

R. germinibus ovatis pedunculisque glabris; foliolis glabris, duplicato-dentatis, subrotundis, glanduloso-serratis; caule aculeato. Thy. in Red., Roses, vol. 2, p. 34, spec. 2. Red. *l. c.* p. et fig. 33.

R. Malmundariensis. Le Jeune, Fl. de Spa, 1, p. 231. Red. *l. c.* p. et fig. 33.

R. canina ambigua. Desv., Journ. Bot., 1813, p. 114, var. θ.

R. sepium macrocarpa. Desv. *l. c.* p. 117, var. θ.

Rosier de Malmédy; Rosier des montagnes à gros fruit; Rosier à feuilles glanduleuses. Croît aux environs de Malmédy.

Le *Rosa micrantha* (DC., Fl. Franç. 6, p. 539; Ait., Kew. Éd. 2; Engl. Bot. Tab. 2490) se rapproche du *Rosa mon-*

tana, par ses pédicelles hérissés, ses folioles serraturées et glanduleuses en leur bord; il n'en diffère que par ses tubes glabres.

Le Rosier à feuilles glanduleuses (*Adenophylla*, WILLD., En. 1, p. 546) nous paraît appartenir à ce groupe, dont il ne s'éloigne que par ses folioles non serraturées; elles sont d'ailleurs glabres sur les deux faces, et leur bordure est glanduleuse.

GROUPE XIX.

CYNORRHODONENSES.

Rosiers à folioles glabres sur les deux faces et sur leur bordure; à tubes variables; à bractées opposées, presque toujours ciliées ou glanduleuses.

** Tubes des calices glabres; pédoncules glabres ou hispides.*

† Tubes globuleux.

36. ROSA ACIPHYLLA. Rau.

R. tubo calycis globoso pedunculisque glabris; foliolis oblongo - lanceolatis, cuspidatis, glaberrimis, concoloribus, inæqualiter argute serratis; petiolis supra pubescentibus, subinermibus, caule aculeato. Rau, En. R., p. 69, cum Tab. Red., R., vol. 2, p. et fig. 31. Se trouve aux environs de Wursbourg.

37. ROSA CANINA. Linné.

R. germinibus globosis ovatisve, glabris; pedunculis glabris aut hispidis; foliolis utrinque glaberrimis; bracteis glanduloso-ciliatis; caule petiolisque aculeatis. Thy. in Red., R. 2, p. 51.

α. *R. canina globosa.* Desv., J. Bot., sept. 1813, p. 114, var. ξ.

β. *R. canina glauca.* Desv. *l. c.* p. 116, var. υ. Non *R. glauca* (*germ. ovatis*) Lois., Not., p. 80. Non *R. glauca.* Desf. Il y a une sous-variété à folioles plus petites et moins glauques.

†† *Tubes ovoïdes.*

γ, *R. canina ramosissima.* Rau, En., p. 74, var. β.

R. canina. L., Spec. 258. DC., Fl. Fr. Éd. 3, n° 3716, excl. β et γ. Thuill., Fl. de Paris.

R. canina glabra. Desv. *l. c.* p. 114, var. α. Sous-variété à fleurs semi-doubles, Miss Law. Tab. 60.

δ. *R. canina vulgaris.* Rau *l. c.* p. 27, var. α.

ε. *R. canina microcarpa*. Nouv. Duham. *l. c.*

R. sepium microcarpa. Desv. *l. c.*

ζ. *R. canina alba*. Thy. *l. c.* var. η.

η. *R. canina nitens*. Desv. *l. c.* p. 114, var. β.

R. dumalis. Becht.

θ. *R. canina umbellata*. Thy. *l. c.* var ι.

ι. *R. canina sessilis*. Thy. *l. c.* var. κ.

κ. *R. canina subrotundifolia*. Thy. *l. c.* var. λ.

λ. *R. canina ovoïdalis* (*pedunc.-hispidis*). Desv. *l. c.* var. η.

μ. *R. canina glandulosa*. Rau *l. c.* p. 75 , γ.

R. stipularis. Mérat , Fl. de Paris, p. 192.

R. canina stipularis. Nouv. Duham. *l. c.*

R. sepium stipularis. Desv. *l. c.* var. ε.

ν. *R. canina lanceolata*. Desv. *l. c.* var. δ.

ξ. *R. canina Montesumæ*. Seringe , inédit.

R. Montesumæ. Humbold in Red., R., p. et fig. 55. Cette variété est dépourvue d'aiguillons. Elle a été apportée en France par MM. Humboldt et Bonpland qui l'ont découverte dans la chaîne des montagnes porphyritiques qui bordent la vallée de Mexico, au nord. On la trouve à la cime du Cerro-Ventoso, près la mine de San-Pedro, au pied de chênes à feuilles d'olivier. (Red. 1, p. 56.)

** *Tubes hispides - glanduleux ainsi que les pédoncules.*

† *Tubes globuleux.*

38. ROSA VERTICILLACANTHA.
MÉRAT.

R. germinibus globosis pedunculisque hispidis; pedunculis glanduloso-hirsutis; caule aculeato; aculeis stipularibus 4—5 incurvis, parvulis. THY.

R. canina globulosa. DESV. *l. c.* var. φ.

R. sepium β, du même auteur.

†† *Tubes ovoïdes.*

39. ROSA ANDEGAVENSIS. BASTARD.

R. germinibus ovatis pedunculisque hispidis, calycinis laciniis pinnatifidis, foliolis ovatis glaberrimis, stylis brevibus subpubescentibus. LOIS. , NOT. , p. 81.

α. *R. Andegavensis (vulgaris)*. Bast., Fl. M.-et-L., p. 189. Red., R. 2, p. et fig. 9.

R. sempervirens. Rau, En., p. 120. *Le Rosier d'Angers*, ou *le Rosier d'Anjou*.

β. *R. Andegavensis glacescens*. Thy. *l. c.* 2, p. 52.

R. canina intermedia. Desv., Obs., p. 157, n° 6.

R. sepium intermedia? Id., Jour. 1813. *l. c.*

γ. *R. Andegavensis hispida*. Thy. *l. c.*

R. Andegavensis β. DC., Fl. Franç., vol. 6, p. 539.

R. canina hispida. Desv., Obs., p. 157, n° 5.

La plupart de ces Rosiers se trouvent dans les buissons et dans les forêts de la France. La var. α est commune dans le cimetière du Père la Chaise, et dans les bois aux environs de Paris.

GROUPE XX.

GLANDULOSÆ.

Rosiers à folioles pubescentes ou glabres en dessus, couvertes de glandes en dessous et sur les bords.

* *Folioles arrondies pubescentes en dessus, doublement dentées et odorantes. Styles velus.*

40. ROSA RUBIGINOSA. Linné.

R. germinibus ovatis globosisve ; foliolis subrotundis, supra pubescentibus, subtus margineque glanduloso - villosulis; petiolis glandulosis cauleque aculeatis; aculeis substipularibus. Thy. in Red., R. 1, p. 93.

† *Tubes des calices et pédoncules hispides.*

α. *R. rubiginosa vulgaris.* WILLD., En. plant. Ber. 1, p. 156, var. α.

R. rubiginosa. L. Mantissa, 564. TH., Fl. de Paris. Éd. 2, p. 250.

R. rubiginosa hirta. DESV., Journ. Bot., 1813, p. 118, var. η.

R. eglanteria. ROESS. Tab. 10, *églantier rouge; églantier à odeur de pomme de reinette; églantier rouillé.*

β. *R. rubiginosa olivina.* DESV. *l. c.* var. ε.

γ. *R. rubiginosa Cretica.* THY. *l. c.* p. 93, var. γ. RED., R. 1, p. et fig. 125.

R. Cretica. TOURN., Coroll. 53.

R. rubiginosa sphærocarpa? DESV. *l. c.* p. 117, var. γ. *Le Rosier de Crète; l'églantier de Crète.*

δ. *R. rubiginosa aculeatissima.* DU P., Gymnasium Rosarum, p. 13, sp. 2, var. 4.

ε. *R. rubiginosa nemoralis.* RED., R. 2, p. et fig. 23.

R. nemorosa. LIBERT in LE JEUNE, Fl. de Spa, vol. 2, p. 311.

ζ. *R. rubiginosa anemoneflora,* THY. Inédit.

η. R. rubiginosa fl. multiplici. AND., R. fig.
R. Rubiginosa flore semi-pleno. DU P. *La petite Hessoise.*

θ. R. rubiginosa marmorea. AIT., Kew. Éd. 1, 2, p. 207. var. ε. AND., R. fig. *L'églantier marbré.*

ι. R. rubiginosa muscosa. AND., R. fig. *L'églantine mousseuse.*

κ. R. rubiginosa major. AND., R. fig. En Angleterre on la nomme *Manning's rose*, du nom du pépiniériste qui l'a obtenue. *L'églantine grande Hessoise.* Le *R. pulverulenta* (MARSCH., Fl. Taur. Cauc. 1, p. 399), et le *R. flexuosa* de RAU, En. R., p. 127, rentrent, selon moi, dans cette section.

†† *Tubes des calices glabres; pédoncules hispides.*

λ. R. rubiginosa vera. DESV. *l. c.* p. 118, var. δ, excl. Syn. L.
R. umbellata? LEERS, Herborn., p. 119, n° 380.
R. eglanteria. AND., R. fig., *L'églantier sauvage; l'églantine des forêts.*

μ. R. rubiginosa triflora. WILLD. *l. c.* var. β. RED., R. 1, p. et fig. 93.

R. rubiginosa dubia. DESV. *l. c.* var. ξ.

R. rubiginosa B. MÉRAT , Fl. de Paris.

ν. *R. rubiginosa tenuiglandulosa.* THY. *l. c.* p. 94, var. λ.

R. tenuiglandulosa. MÉRAT, *l. c.* p. 189.

R. rubiginosa fallax. DESV. *l. c.* var. α.

ξ. *R. rubiginosa microcarpa.* DESV. *l. c.* var. β.

ο. *R. rubiginosa rotundifol.* RAU, En. Ros., var. δ. On pourrait, je crois, joindre à ces variétés le *R. suaveolens* de PURSCH, Fl. Am. 1, p. 346.

††† *Tubes des calyces et pédoncules glabres.*

π. *R. rubiginosa Isaurea.* THY. *l. c.* var. ξ.

R. sabina. DU P., Gymn. R. *L'églantine de Clémence Isaure.*

ρ. *R. rubiginosa inermis.* DESV. *l. c.* var. θ.

σ. *R. rubiginosa Zabeth.* DU P. *l. c.* RED., R., vol. 2, p. et fig. 5. *L'églantine de la Reine Élisabeth* Cette dernière variété, par ses folioles presque allongées et peu odorantes, forme le passage entre cette espèce et la suivante.

** *Folioles ovales lancéolées, glabres en dessus, à dents serraturées, inodores : styles presque glabres.*

41. ROSA SEPIUM. Thuillier.

Rosa calycum tubis oblongis pedunculisque glabris, caule petiolisque aculeatis, aculeis uncinatis, foliolis ovato-acutis, subtus glanduloso-pilosis. DC. Syn. plant., p. 333, n° 3716.

α. *R. sepium rosea.* Desv. *l. c.* p. 116, var. β.

R. *sepium.* Th. Fl. de Paris. Éd. 2, p. 262. DC. *l. c.* Id., Fl. Franç. Éd. 3, vol. 6, n° 538. Nouv. Duham., vol. 7, p. 47 et tab. 11, fig. 2. Red., R. 2, p. et fig. 61. Non Rau, En. Ros., p. 90.

R. *canina,* var. β. DC. *l. c.* 3716; — var. β. Poiret, Ency. 6, p. 288. *Rosier des haies à fl. roses.*

R. *rubiginosa glabra.* Rau *l. c.* p. 137, var. ε.

β. *R. sepium parviflora.* Bast., Supp., p. 31. *Rosier des haies à petites fleurs.* Environs d'Angers.

γ. *R. sepium alba.* Desv. *l. c.* p. 116, var. α.

    R. agrestis. Gm. Bad. 2, p. 416. Savi, Fl. Pisana 1, p. 475. Rau, En., p. 161. *Rosier des haies à fleurs blanches.*

δ. *R. sepium myrtifolia.* Thy. *l. c.* p. 62, var. δ.

    R. myrtifolia. Haller fil. *Rosier des haies à feuilles de myrte.*

ε. *R. sepium oleicarpa.* Thy. *l. c.* var. ε.

    R. oleicarpa. Thy. inédit. *Rosier des haies à fruits d'olivier.*

ζ. *R. sepium ambigua.* Desv. *l. c.* p. 116, var. ζ. *Rosier des haies équivoque.*

ζ. *R. sepium latifolia.* Thy. *l. c.* var. ζ. *Rosier des haies à grandes feuilles.*

Toutes les espèces et variétés de ce groupe se trouvent dans les forêts et les grands bois. M. Cugnot, jardinier, rue de Sèvres, n° 74, à Paris, a obtenu, de semis, une jolie variété, à fleurs doubles, du *R. sepium rosea.*

Le *R. cuspidata* (Marsch., Fl. Taur. Cauc., 1, p. 396), nous paraît appartenir à cette série.

GROUPE XXI.

SPINOSULÆ.

Folioles glabres en dessus, munies en dessous, tant sur les nervures ordinaires que sur les nervures confuses, d'une multitude de petites épines, entremêlées de glandes.

* *Tubes et pédoncules toujours hispides, aiguillons parfaitement droits.*

42. ROSA SPINULIFOLIA. Dematra.
(Fig. 1re.)

R. germinibus ovatis pedunculisque spinosis; calycibus pinnatis, pinnis linearibus; pedunculis villosis aculeatis, foliolis supra glabris, infra spinosulis. Dem., Essai, p. 8, sp. 10.

α. R. spinulifolia Dematratiana. Thy.

Les aiguillons sont peu dilatés à leur base. Espèce découverte par M. le doyen DEMATRA, curé de Corbières, dans les environs de Fribourg, en Suisse, au-dessus de Chatel sur Montsalvens. Rare. Vulg. *la spinulée Dematra.*

** *Pédoncules toujours hispides, mais tubes quelquefois glabres; aiguillons dressés un peu courbes.*

β. *R. spinulifolia Foxiana* (fig. 2). THY. inédit. (1). *R. pseudo-rubiginosa.* LEJEUNE, Fl. de Spa 1, p. 229. Non R. rubiginosa L. et autres auteurs. Vulg. *La spinulée de Fox.* Dans les bois aux environs de Malmédi.

---

(1) J'ose espérer que les botanistes voudront bien approuver cette dédicace qui rappelle le nom de CH.-J. Fox, l'un des plus grands orateurs dont s'honore l'Angleterre. On sait que, parmi ses délassements favoris, la botanique était au premier rang, et qu'à sa campagne, Sainte-Anne's Hill, il cultivait principalement les Rosiers, même qu'il en avait une riche collection.

Les épines qui, dans ces deux Rosiers, garnissent le dessous des folioles, se voient très-distinctement à l'œil nu, sur-tout dans la variété α que je cultive, et qui a très-bien fleuri, cette année, dans mon jardin.

PARAGRAPHE III.ᴱ

ESPÈCES RÉUNIES ARTIFICIELLEMENT D'APRÈS LES MODIFICATIONS DES TUBES, TURBINÉS, OU ACCOMPAGNÉS DE BRACTÉES.

GROUPE XXII.

TURBINATÆ.

Rosiers à tubes des calices présentant la forme arrondie ou allongée d'une toupie à jouer;

A fleurs demi-doubles ou doubles, s'épanouissant difficilement;

A étamines très-nombreuses. Tous les autres caractères variables.

* *Fleurs roses; pédoncules hispides.*

† *Rameaux floriferes sans aiguillons.*

43. ROSA TURBINATA. Aiton.

R. calycis tubo turbinato, medio con-

stricto, basi pedunculisque glanduloso-
hispidis; foliolis ovatis, simpliciter serratis, subtus discoloribus pubescentibus;
petiolis villosis; ramulis floriferis inermibus; aculeis caulinis sparsis. Rau,
En. Ros., p. 48. Ait., Kew. Éd. 1re, 2,
p. 206. Miss Law. Tab. 69. Willd.,
Spec. 1073. Ejusd. En. Pl. Ber., p. 545.
DC., Fl. Franç. Éd. 3, n° 3703. Red., R.
1, p. et fig. 127.

α. *R. turbinata Francofurtana.* Thy.

   R. Francofurtana. Gm. Bad. 2, p. 405. Moench,
     Hausv. 5, p. 21.

   R. Francofurtensis. Desf., Cat. 175. *Le Rosier*
     turbiné; le Rosier à gros cul; le Rosier de
     Francfort.

β. *R. turbinata triflora.* Thy. in Red., R. 2, p. 7.
   Variété plus petite. *La turbinée à trois*
   fleurs.

44. ROSA RAPA. Bosc.

R. germinibus turbinatis apice con-
strictis, pedunculisque glanduloso-hirsutis; foliolis lucidis ovatis, basi apiceque

acutis; laciniis calycinis corolla longioribus. Thy. *l. c.*

α. *R. rapa flore semi-pleno.* Hortul.
β. *R. rapa flore pleno.* Red., R. 2, p. et fig. 7.
  Rosier à feuilles de frêne ; le Rosier turneps ; la turbinée à feuilles de frêne.

Cette espèce diffère de la précédente par ses folioles luisantes, entièrement glabres.

45. ROSA INERMIS. Delaunay.

R. germinibus turbinatis, foliolis glabris, subtus glaucescentibus ; petiolis hirsuto-glandulosis, scabris, infra subaculeatis ; caule inermi. Thy. *l. c. p.* 8.

α. *R. inermis rosea.* Thy.
β. *R. inermis subalba.* Mordant Delau. B. Jard.
  Le Rosier sans épines ; la turbinée sans aiguillons.

Diffère des précédentes par ses tiges absolument glabres.

++ *Rameaux floriferes et tiges aiguillonnées.*

46. ROSA ROSENBERGIANA.
THORY.

R. germinibus oblongo - turbinatis; foliolis ovatis subtus subpubescentibus; floribus flaccidis, paniculatis; petalis rarissime explicatis; caule aculeatissimo. THY. *l. c.*

Dédiée à ROSENBERG, auteur d'un Traité sur la Rose (*Rhodologia*) publié en 1620. *Le Rosier de Rosenberg; la turbinée de Rosenberg; la muscade noire.*

Diffère des précédentes par ses tiges très-épineuses.

47. ROSA CAMPANULATA. EHRARD.

R. germinibus turbinato - campanulatis; foliolis glabris subrotundis; caule

petiolisque aculeatis; aculeis stipularibus subrectis; floribus subcorymbosis.
THY. *l. c.*

R. campanulata. EHRH., Beitrei. 6,
p. 97.

R. sanguisorbæfolia. HORTUL.

Diffère des précédentes par ses tubes
plus allongés évasés en forme de cam-
panule, ses fleurs à-peu-près en corymbe,
ses folioles rondes presque glabres, et
ses aiguillons plus rares.

48. ROSA ORBESSANEA. THORY.

R. germinibus turbinatis; foliolis glabris subtus glaucis; petiolis glanduloso-
villosis; caule aculeatissimo. THY. *l. c.*
RED., R. 2, p. et fig. 21.

Dédiée à la mémoire de M. le marquis
d'ORBESSAN, auteur d'un Essai sur les
Roses, lu à l'Académie des Sciences de
Toulouse en 1752. *Le Rosier d'Orbessan.*

Diffère de la précédente par ses tiges hérissées d'aiguillons, ses tubes très-épais, et ses folioles glauques en dessous.

** *Fleurs jaunes; pédoncules glabres.*

49. ROSA SULFUREA. AITON.

R. germinibus globosis (turbinatis), petiolis cauleque aculeatis; aculeis caulinis duplicibus majoribus, minoribusque numerosis, foliolis ovalibus. AIT., Kew. Éd. 1, 2, p. 201. WILLD., Arb. 305. IDEM, Spec. 2, 1065. PER., Syn. 3. RED., R. 1. p. et fig. 29.

R. glaucophylla. EHRH., Beitr. 2, p. 69.

R. Lutea multiplex. BAUH., Pin. 483. DUHAM., Arb. 57; Hort. Angl., p. 66,

6.

(124)

Tab. 18. Knorr., del. 1 , T. R. Du R. ,
Harbk. 2 , p. 346.

Le Rosier jaune de soufre.

β. *R. sulfurea pumila.* Thy. *l. c.* C'est le *petit pompon jaune des pépinières* ; il fleurit rarement en franc de pied ; il faut le greffer.

GROUPE XXIII.

BRACTEATÆ.

Rosiers à tubes des calices recouverts, en tout ou en partie, de bractées ou de feuilles floréales; à pédoncules très-courts.

* *Tubes presque entièrement recouverts de bractées imbriquées concaves et frangées.*

5o. ROSA BRACTEATA. Ventenat.

R. aculeata, foliis obovatis, floribus bracteatis, laciniis calycinis nudis; petalis obcordatis, mucronatis. Willd., Spec. 2, p. 1079. Pers., Syn. 45. Red., R. 1, p. et fig. 35.

R. Macartnea. Bot. Cultiv. Vent. Jard. de Cels, p. et tab. 28.

On l'a nommé *le Rosier du lord Macartney*, parce que ce fut lui qui le rapporta de la Chine; on l'appelle encore le *Rosier bractéolé; Rosier à bractées.*

** *Tubes munis à leur base de feuilles floréales.*

51. ROSA CLINOPHYLLA. Thory.

R. germinibus globosis, caule petiolisque sericeo-villosis; petiolis glanduloso-villosis subaculeatis; stipulis fimbriatis; foliolis 9 — 11, oblongo - ellipticis, duplicato serratis, supra lucidis, subtus tomentosis; aculeis caulinis rectis geminatis; floribus sæpius solitariis. Thy. in Red., R., p. 43. Red. *l. c.* avec la figure.

R. involucrata? Doon. Hort. Cantabrig.

Vulg. *Rosier à feuilles penchées*.

M. N. WALLICH, directeur du Jardin de Botanique, à Calcutta, m'a envoyé ce Rosier, cette année, en m'annonçant qu'il croissait spontanément dans les Indes.

Ce savant a bien voulu m'en adresser plusieurs autres qui ont péri dans la traversée.

PARAGRAPHE IVE.

ESPÈCES RÉUNIES ARTIFICIELLEMENT D'APRÈS LA CONSIDÉRATION DES ÉTAMINES.

GROUPE XXIV.

INDICÆ.

Rosiers toujours, ou très-souvent en fleurs ; à lanières défléchies avant l'épanouissement ; à étamines allongées, contournées, se renversant sur les styles.

52. ROSA INDICA. Linné.

R. germinibus ovatis subglobosisve ; foliolis diversis simpliciter serratis, basi minoribus impari majori ; laciniis calycinis ante anthesin deflexis ; stamini-

bus elongatis, subcontortis, inflexis ;
caule, sæpius, aculeato. THY.

* *Fleurs pourpres.*

α. *R. Indica Linneana.* THY. in RED., R. 2,
    p. 37.
    R. Indica. L., Spec. 705. WILLD., Spec. 2,
    1079. POIRET, Dict. 6, p. 296. PERS., Syn. 2,
    p. 43. NOUV. DUHAM. 7, p. 29. RED., R., p.
    et fig. 49.
       Sous-variété à folioles profondément den-
    tées. *Le Rosier des Indes de Linné.*
β. *R. Indica paniculata.* THY. *l. c.* p. 38. *Le*
    Rosier du Bengale paniculé.
γ. *R. Indica cruenta.* THY. *l. c.* 2 , p. 38. RED., R.
    1, p. et fig. 123. *Le Rosier des Indes ou*
    du Bengale à fleurs sanguines.
δ. *R. Indica chremesina.* THY. *l. c. La bengale*
    Cramoisie ; le Rosier des Indes cramoisi.
       Sous-variété à fleurs presque violettes.
    La bengale Ternault ; autre à fleurs proli-
    fères. *La bengale prolifère.*
ε. *R. Indica subinermis.* THY. *l. c.*
    R. Bengaliensis inermis. HORTUL. *La Bengale*
    sans épines.

ζ. *R. Indica cerasi coloris.* THY. *l. c. La bengale cerise.*

** *Fleurs roses.*

η. *R. Indica rosea fl. simplici.* THY. *l. c.* se rapproche de la var. α; ses pétales rougissent en finissant. *Le bengale à fleurs simples.*

θ. *R. Indica vulgaris.* THY. *l. c.* RED., R. 1, p. et fig. 51. C'est le plus répandu. *Le Rosier du Bengale; le Rosier de la Chine; la Bengale fleurie; la Bengale toujours en fleurs; la Bengale à fleurs variables,* ou *R. diversifolia* de VENTENAT.

ι. *R. Indica multipetala.* THY. *l. c.* RED., R. 1, p. et fig. 51. *La Bengale cent-feuilles.*

κ. *R. Indica dichotoma.* THY. *l. c.* C'est le *R. animating* des Anglais. *La Bengale dichotome.*

λ. *R. Indica fragrans.* TH. *l. c.* RED., R. 1, p. et fig. 61. *La Bengale à odeur de thé.*

μ. *R. Indica acuminata.* THY. *l. c.* RED., R. 1., p. et fig. 53. *La Bengale à pétales acuminés.*

ν. *R. Indica pumila fl. simplici.* THY. *l. c.* RED., R. 2, p. et fig. 25. *Le petit Rosier du Bengale à fleurs simples.*

ξ. *R. Indica pumila fl. multiplici.* THY. *l. c.* RED.,

R. 1, p. et fig. 115. *Le petit Rosier du Bengale à fleurs doubles.*

ο. R. *Indica longifolia.* THY. *l. c.*

R. *longifolia.* WILLD., Spec. 1079. RED., R. 2, p. et fig. 27. *Le Bengale à feuilles de pécher.*

π. R. *Indica Lawrantiana.* THY. *l. c.*

R. *semperflorens minima.* (Miss LAWRANCE'S, Rose.) CURTIS, Bot. Mag., p. et fig. 1762. Diffère des variétés ξ et *o*, par ses tiges très-aiguillonnées. *La Bengale de Miss Lawrance. Le R. Nankinensis* (LOUR., Fl. Coch. 1, p. 397) me semble avoir du rapport avec cette variété.

ρ. R. *Indica sertulata.* THY. *l. c. Le Bengale à bouquets.*

ς. R. *Indica subalba.* THY. *l. c. La Bengale blanche; la Bengale unique.*

*** *Fleurs panachées.*

τ. R. *Indica Pannosa.* THY. *l. c.* RED., R. 2, p. et fig. 37. *La Rose guenille; la Bengale bichonne.*

υ. R. *Indica variegata.* THY. *l. c. La Bengale panachée,* ou *la Bengale tigrée.*

Le Rosier de *Ph. Noisette* (*R. Noisettiana,*

6..

Red., R., p. et fig.   ), qui n'est point encore constaté comme espèce , puisqu'on
ignore s'il doit se reproduire de semence,
paraît être un hybride du Rosier des Indes
et de la Muscade (*R. moschata*).

Il en est de même d'un arbrisseau connu
dans les pépinières sous le nom de *Rosier
Boursault*, qu'on soupçonne hybride d'un
Rosier des Indes et d'un Rosier des Alpes.

Tous ces individus croissent dans les
Indes orientales; mais ils ont subi de
grandes modifications , en Europe, par
la culture.

M. le docteur Cartier m'a communi-
qué une variété qu'il a nommée *R. Indica automnalis*. Ses fleurs avortent constamment pendant le printemps et l'été;
elles ne se développent qu'à l'automne.
La bengale Cartier.

PARAGRAPHE Vᴱ.

ESPÈCES RÉUNIES ARTIFICIELLEMENT
D'APRÈS LA MODIFICATION DES STYLES.

GROUPE XXV.

SYNSTYLÆ. De Candolle.

Rosiers à styles soudés, plus ou moins allongés sous la forme d'une petite colonne glabre, ou velue. A folioles glabres, luisantes, persistantes dans la plupart des espèces.

    * *Styles soudés allongés sous la forme d'une petite colonne glabre.*

† *Divisions calycinales courtes et presque entières. Tiges rampantes.*

53. ROSA ARVENSIS. De Candolle.

R. germinibus globosis, ovatisve ;

stylis in columnam glabram coalitis ; ramis plerisque stoloniferis repentibus ; aculeis subrecurvis. Thy. in Red., R. 1, p. 89.

α. *R. Arvensis globosa.* Thy. *l. c.*

R. Arvensis. DC., Cat. Monsp., p. 137, excl. synimo L. Mant., p. 245. Willd., Spec. 2, 1066, exclusis syn. plerisque. Le Rosier que Linné a nommé *Arvensis,* n'a point de rapport avec cette espèce ; il n'est même pas connu.

R. Arvensis pubescens. Desv., Journ. Bot. 1813, var. β, excl. *R. Montana,* Villars.

R. Arvensis. Smith, Engl. Bot. Tab. 188.

Le Rosier des champs à tubes globuleux.

β. *R. Arvensis ovata.* Desv. *l. c.* Var. γ. Reyn., Mémoires de la Soc. de Lauz. 1, p. 69, Tab. 5. Red., R. 1, p. et fig. 90.

R. repens. Scop., Carn. 1610. Gm. Bad., 2, p. 418, n° 760. Willd., En. Pl. Ber. p. 547. Rau, En., p. 40.

R. serpens. Wibel, Fl. Verth., p. 265.

R. Arvensis. DC., Fl. Franç. Éd. 3, 3696, var. β.

Le Rosier des champs à tubes ovoïdes.

δ. *R. Arvensis glabra.* Thy. *l. c.* p. 90, var. δ.

R. stylosa. Mérat, Fl. de Paris, p. 192. *Non* Desv. Folioles et pédoncules glabres. La plante de M. Desvaux présente des folioles pubescentes, et sur-tout les divisions calycinales allongées et pinnatifides. *Le Rosier des champs glabre.*

γ. *R. Arvensis bibracteata.* Thy. *l. c.* Var. γ.

R. dibracteata. Bast. DC., Fl. Franç. Vol. 6, p. 737. Tige presque droite. *Le Rosier des champs à deux bractées.*

ε. *R. Arvensis flagelliformis.* Thy. *l. c.* Var. ε.

R. serpens? Wibel, Fl. Werth., p. 265. *Le Rosier des champs flagelliforme.*

ζ. *R. Arvensis prostrata.* Thy. *l. c.*

R. prostrata. DC., Cat., p. 138. Feuilles persistantes comme dans le *sempervirens*, dont cette variété s'éloigne par ses styles glabres.

Ces Rosiers se trouvent communément dans les bois et les lieux incultes.

☨☨ *Divisions calycinales longues et pinnatifides. Tiges érigées.*

54. ROSA STYLOSA. Desvaux.

R. stylis in columnam glabram coalitis, fructibus ovato-oblongis, glabris:

pedicellis subsolitariis pilos raros glan-
dulosos gerentibus, petiolis foliisque
pubescentibus. DC., Cat. Hort. Monsp.,
p. 138. Desv., Journ. de Bot., 1810,
p. 113, Tab. 14. *Non* Mer. Vulg. *Le
Rosier à longs styles;* M. Desvaux l'a
trouvé dans le Haut-Poitou. Je l'ai aussi
rencontré dans les bois de Meudon aux
environs de la faisanderie. *Le Rosier des
champs érigé.*

** *Styles soudés allongés sous la forme
d'une petite colonne hérissée.*

α. *Tiges grimpantes.*

55. ROSA SEMPERVIRENS. Linné.

R. germinibus globosis ovatisve, pedunculisque glanduloso-hispidis; caule
petiolisque aculeatis; foliolis glabris,
nitidis, simpliciter et argute serratis;
floribus subsolitariis, sæpius subcorym-

bosis; stylis in columnam pilosam adu-
natis. THY. in RED., R. 2, p. 16.

† *Tubes des calyces globuleux.*

α. *R. sempervirens globosa.* THY. *l. c.* RED., R. 2,
p. et fig. 15.

R. sempervirens. L. Sp. 704. MILL., Dict., n° 9.
HOFFM., Germ. 176. ROTH., Germ. 1, p. 218;
2, p. 556. DU R., Harb. 2, p. 252. DC., Cat.
Hort. Monsp., p. 138. ROESS., Beschr. der
Ros. 1, p. 207. NOUV. DUHAM., vol. 7, p. 26,
var. α, Tab. 13, fig. 1. *Le Rosier grimpant
à tubes globuleux; le Rosier toujours vert.*

R. Sylvestris dumetorum. MICH., Cat. Pl. H.
Vulg. *le Rosier des buissons toujours vert.
Rosier grimpant à fleurs blanches.*

β. *R. sempervirens microphylla.* DC. *l. c.* Var. β.
Rosier grimpant à petites feuilles.

†† *Tubes ovoïdes - allongés.*

γ. *R. sempervirens ovoïdea.* DESV., J. Bot., sept.
1813, var. β.

R. Balearica. DESF., Cat. Hort. Par. PERS.,
Syn. 2, p. 49. DUM. DE COURS. Bot. Cultiv.,
n° 36.

. *sempervirens.* Miss Law. Tab. 45. Ait.,
Kew. 2, p. 205. Willd., Spec. 2, 1072. DC.,
Fl. Franç. Éd. 5, n° 3714. Poiret, Ency.
6, p. 293. Roess., R., fig., n° 32. *Non*
Bast.

R. Atrovirens. Wiv., Frag. Fl. Ital., p. 4, Tab. 6.
Vulg. *le Rosier de Mahon ; le Rosier grimpant à fruits ovoïdes.*

δ. *R. sempervirens latifolia.* Thy. *l. c.* 2, p. 16,
var. γ. Red., vol. 2, p. et fig. 49. Vulg. *le
Rosier grimpant à grandes feuilles.* Fleurs
blanches. Du Pont indique encore une sous-
variété à fleurs roses. Ces Rosiers croissent
dans les parties méridionales de l'Europe.

β. *Tiges érigées.*

56. ROSA MOSCHATA. Desfontaines.

Rosa stylis in columnam glabram coalitis, fructibus ovatis, calycibus pubescentibus, pedicellis corymbosis pubescentibus, foliolis glabriusculis, caule
erecto. DC., Cat. Monsp., p. 138, n° 3.

α. *R. moschata fl. simplici.* Thy. *l. c.*

R. opsostemma. Ehrh., Beitr. 2 , p. 72.

R. moschata. Desf., Atlant. 1, p. 400. DC., Fl. Franç. Éd. 3, n° 3715. Miss Law. Tab. 64. Red., R. 1 , p. et fig. 33.

R. Arborea. Pers., Syn. 2 , p. 50.

R. sempervirens arborea moschata. Du P., Gym. Ros., p. 19, Sp. 26 , var. 1.

β. *R. moschata fl. semipleno.* Thy. *l. c.* Red., R. 1 , p. et fig. 99.

γ. *R. moschata fl. pleno.* Tourn., Inst. 637. C. Bauhin, Pin. 480, n° 12. J. Bauhin, Hist. 2, p. 47. Icon. Tabern. Icon. 1086. Miss Law. Tab. 53. Andr., R. fig. Dumont de Cours. cite une sous-variété à fleurs roses.

Le Rosier musqué, ou *le Rosier muscade.* Croît en Barbarie. M. Bridel l'a trouvé sauvage dans le Roussillon. *Ex* DC.

*** *Styles soudés réunis sous la forme d'une colonne très-courte.*

57. ROSA BREVISTYLA. De Candolle.

R. germinibus ovatis glabris; pedicellis hispidulis aliquando glabris; laciniis calycinis pinnatifidis; stylis in co-

lumnam glabram brevem coalitis. Thy.
in Red., R. 1 , p. 92.

α. *R. Brevistyla leucochroa.* Thy. *l. c.* 1, p. 91.

R. Brevistyla. DC., Fl. Fr. Éd. 3, vol. 6 , p. 537,
var. α.

R. Leucochroa. Desv., Jour. Bot. 2, p. 315.
Ibid., sept. 1813, p. 113, Tab. 15. DC.,
Cat. , p. 138, n° 6. Lois., Not., p. 80. Red.,
R. 1 , p. et fig. 92. *Le Rosier à court style;*
le Rosier à fleurs jaunes et blanches.

β. *R. Brevistyla petalis Lacteis.* DC. Fl. Franç. *l.*
c. Var. β.

R. Leucochroa Lactea fl. candidis. Lois. *l. c.*
Le Rosier à courts styles et à fl. blanches.

γ. *R. Brevistyla systila.* Thy. *l. c.* p. 92, var. γ.

R. systila. Bast., Supp., p. 31.

R. Brevistyla petalis pallide roseis. DC. *l. c.*
var. γ.

R. Leucochroa angusta. Desv., Journ. Bot. 1813,
p. 113 , var. β.

Cette espèce et ses variétés se trouvent
dans les forêts du Haut-Poitou, et ailleurs.

ROSIERS PEU CONNUS,

ET QUE JE N'AI PAS EU L'OCCASION D'OBSERVER.

1. *Rosiers décrits.*

R. amœna. Nouv. Duham., vol. 7, p. 26,
n° 19.

R. flexuosa. Rau.

R. hybernica. Aiton. Éd. 2, vol. 3, p. 261.

R. mycrantha. De Candolle. An Ait. *l.
c.?* an Engl. Bot., n° 2490?

R. nitida. Willdenow. En Plant. Ber.,
p. 544.

R. Polliniana. Sprengel. Pl. M. cog.
Pugill. 2, p. 66.

R. pulchella. Willd. *l. c.* p. 545.

R. reversa. Idem, *l. c.* p. 545.

R. rubifolia. Purch. Fl. Amer. 1, p. 345.
Ait. *l. c.* p. 260.

R. tuguriorum. Willd. *l. c.* p. 544.

2. *Rosiers dont on n'a donné aucune description, mais seulement la nomenclature.*

† *Catalogue de Doon.*

R. Cheronensis.

R. cæsia.

R. fenestrata.

R. lurida. Celui-ci est figuré dans Andrews.

R. Olympica.

R. Orientalis.

R. palustris.

R. scabriuscula.

R. serotina.

R. stricta.

R. Teneriffensis.

Ces derniers Rosiers sont à-peu-près inconnus en France; mais on les cultive, dit-on, pour la plupart, chez les pépiniéristes anglais.

++ Rosiers faisant partie du Tableau synop-
tique de ces arbrisseaux, publié par
M. Léman dans le Journal de Physique
(1818, p. 365), et dont cet auteur n'a
donné que la nomenclature.

R. ambigua.
R. ancistrum.
R. eriocarpa.
R. foliosa.
R. histrix.
R. Lutetiana.
R. neglecta.
R. nemoralis.
R. parvifolia.
R. poterium.
R. pubescens.
R. rustica.
R. subvillosa.
R. tomentella.
R. tomentosa.
R. urbica.

INSTRUCTION

POUR CEUX QUI VOUDRONT FORMER UNE ROSERAIE.

Pour établir une école de Rosiers, d'après l'ordre que j'indique, on fera labourer profondément la portion de jardin qu'on destinera à cet usage. On la distribuera en plattes bandes de trois pieds et demi de large, lesquelles seront encaissées en planches de chêne qu'on aura la précaution de faire couvrir de deux ou trois couches de peinture.

On fera ensuite planter, à la distance convenable, autant de Rosiers sauvages ou églantiers, que j'ai indiqué d'espèces et de variétés : on évitera d'employer le *Rosa rubiginosa*. Les églantiers seront maintenus à la hauteur de quatre pieds, et soutenus par de bons tuteurs.

On placera, au devant de chaque Rosier sauvage, des étiquettes qui porteront les noms des espèces et des variétés que j'ai signalées, dans l'ordre que j'ai proposé, comme s'il s'agissait d'étiqueter la collection elle-même.

Cela fait, et quand les églantiers seront bien repris, on fixera par la greffe, soit en fente, soit à œil poussant ou dormant, aux places qui leur sont assignées dans cet ouvrage, toutes les espèces ou variétés qu'on pourra se procurer (1).

---

(1) On trouvera presque tous les Rosiers que j'indique, excepté les espèces sauvages, chez MM. Noisette, Villemorin et Cels à Paris. MM. Noel, Bicquelin et Fion, pépiniéristes dans la même ville, peuvent aussi en procurer beaucoup. MM. Féburier à Versailles, Godefroy à Ville-d'Avray; L. Baudry, Boulogne et Buhler

Par ce procédé, on aura, dès la seconde année, la plus grande partie des Rosiers que j'ai énumérés dans mon Prodròme, rangés dans leur ordre naturel. A l'égard de ceux de ces arbrisseaux qu'on trouve rarement dans le commerce, on en obtiendra facilement les greffes des amateurs, soit dans la France, soit dans l'étranger; et on parviendra, en peu de temps, à compléter une collection intéressante et très-agréable à l'œil, sur-tout si l'on s'applique à maintenir tous les sujets à la même hauteur.

à Clamart-sous-Meudon; Vibert à Chennevières-sur-Marne; Cugnot hors des barrières de Paris (rue de Sèvres, n° 74), et d'autres encore, en possèdent de très-belles collections. M. Thuillier, auteur de la Flore des environs de Paris, indiquera aux amateurs, avec sa complaisance ordinaire, celles des espèces sauvages qui sont les plus difficiles à distinguer, etc.

ADDITIONS ET CORRECTIONS.

Pag. 42, var. η, après pimprenelle à fleurs doubles, *ajoutez*, on en cultive deux variétés dans les jardins, l'une à fleurs roses, figurée dans l'ouvrage de M. REDOUTÉ, et l'autre à fleurs blanches : cette dernière est celle que les jardiniers nomment *pompon blanc*.

Pag. 46, après la dernière ligne, *ajoutez*, variété plus petite connue sous le nom vulgaire du *Rosier Missouris*.

Pag. 51, à la dernière ligne, après Rosier luisant, *ajoutez*, variété à fleurs doubles obtenue par M. DESCEMET. Elle m'a été communiquée par M. VIBERT.

Pag. 63, après la deuxième ligne, *ajoutez*, β. *R. Hudsoniana flore multi-plici;* le Rosier d'Hudson à fleurs doubles : de la précieuse collection de M. TERNAULT, à Auteuil.

Pag. 82, variété β, après *la petite couronnée*, *ajoutez*, M. REDOUTÉ a obtenu de semence une jolie variété, à fleurs constamment prolifères, *R. damascena Celsiana prolifera : le Rosier de Cels à fleurs prolifères.*

Même page, var. δ, après *le Rosier de Portland*, *ajoutez*, variété à fleurs doubles, du jardin de M. LE DRU, maire de Fontenay-aux-Roses.

Pag. 86, *ajoutez* au groupe des *Gallicæ* les deux variétés suivantes communiquées par M. REDOUTÉ.

1° *R. Gallica inermis.* Le Provins sans épines.

2° *R. Gallica scandens.* Le Provins grimpant; celui-ci couvre une partie du berceau à l'italienne qui est près de son atelier, à Fleury.

Pag. 114, ligne 9, au lieu de THY., *lisez* TH. ou THUILLIER.

FIN.

NOMENCLATURE

ALPHABÉTIQUE

DES ROSIERS DE CE PRODROME.

TABLE LATINE.

A.

C.

U.

R. umbellata.   Pag. 70, 111
— urbina.   143

V.

TABLE FRANÇAISE.

A.

M.

(183)

S.

FIN DES TABLES.

EXPLICATION DES FIGURES.

Planche 1re. *Rosa spinulifolia* DEMA-TREANA. On a montré le revers d'une foliole garnie de petits aiguillons.

Planche 2e. *Rosa spinulifolia* FOXEANA. Le peintre a montré les petites épines qui couvrent le revers de quelques folioles.

AU RELIEUR.

On doit placer le Tableau synoptique au commencement du volume, immédiatement après l'avant-propos, et les figures à la fin du volume.

Jl. J. Redouté del.

ROSA Spinulifolia Dematratiana.

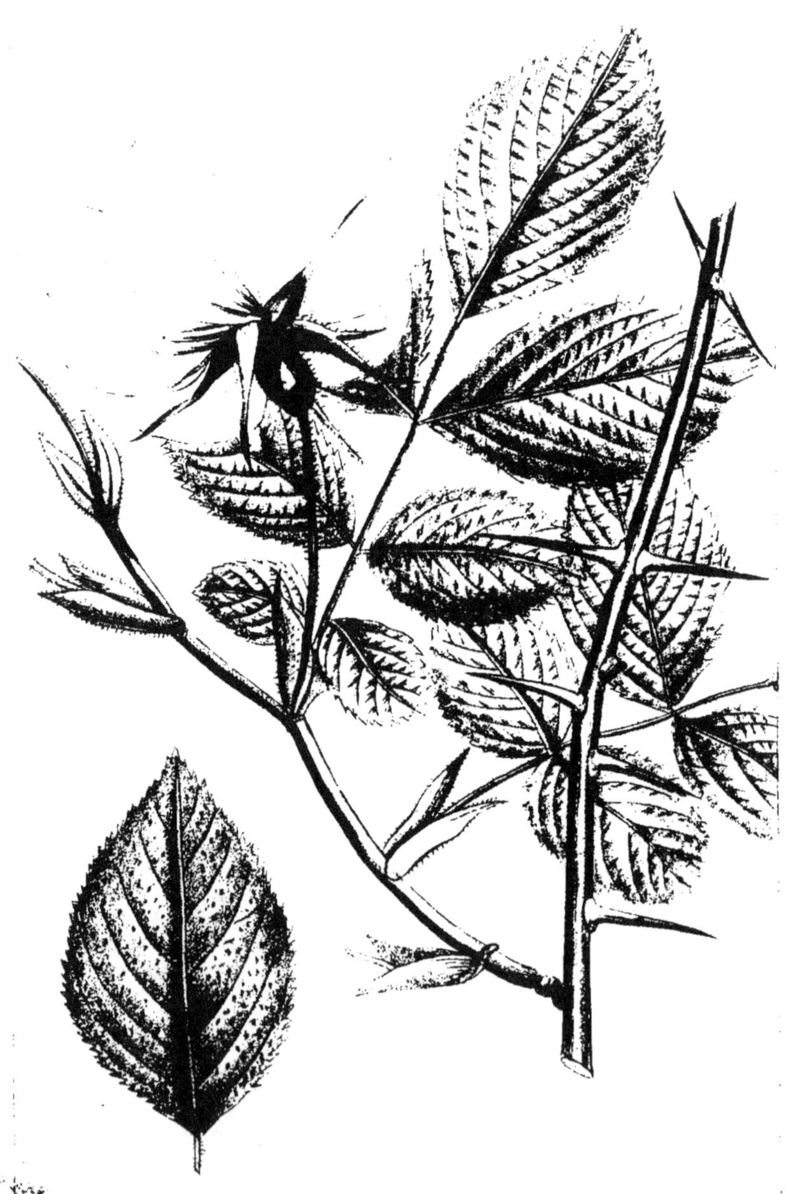

H. J. Redouté del.

ROSA Spinulifolia Dematratiana

ROSA Spinulifolia Foxiana.